Darrell P. Rowbottom
[英] 达瑞·P. 罗博顿——著

雒自新——译
刘叶涛——校

概率

PROBABILITY

人生的指南

上海人民出版社

献给我的父母亲埃罗尔和琼

以感恩四十年的爱心支持

目录

中译本序[1]

任晓明

（南开大学哲学院教授、中国逻辑学会副会长）

很高兴看到由雒自新博士翻译、刘叶涛教授审校的这部译著即将出版。一看到这书稿，我就想起了英国哲学家巴特勒（Butler）的名言：概率是人生的真正指南。其实，概率就是一种机遇，即通常说的“运气”；人生中的各种重大决策、风险投资以及日常生活琐碎小事都离不开概率和概率方法。例如，可利霉素治愈新冠肺炎的可能性有多大？新冠疫情期间乘坐飞机感染病毒的可能性有多大？而测定这种可能性的大小就要用到百分比或分数，如百分之五十、二分之一，等。这就是概率或概率值。

概率论诞生于16世纪，是一门研究事件发生可能性的学问。简单地说，概率是一种机遇或机会，它研究随机现象的数量规

① 本文写作的素材大部分来自南开大学博士生梁贤华；武汉大学桂起权教授在居家隔离的非常时期给我们很大启发并提供参考资料，特此致谢！

律，与不确定推理、归纳推理密切相关。概率论的起源与赌博问题有关。从意大利学者吉罗拉莫·卡尔达诺（Girolamo Cardano）研究赌博中的掷骰子等问题开始，到 17 世纪帕斯卡（Pascal）、费马（Fermat）关于如何测定赌注的通信，都涉及概率问题。18 世纪，托马斯·贝叶斯（Thomas Bayes）首先将概率论作为一种推理理论，创立了后人所称的贝叶斯主义理论。贝叶斯生前并未发表他的贝叶斯定理，他的好友理查德·普莱斯（Richard Price）在一篇论文中发表了这一著名的定理。但在当时，也只有少数人认为概率论提供了理解归纳和不确定推理的方法。直到 20 世纪下半叶，贝叶斯主义概率论才逐渐在归纳科学哲学中占据了主导地位。从那以后，概率理论的文献如雨后春笋般涌现出来。香港岭南大学教授达瑞·P. 罗博顿（Darrell P. Rowbottom）的著作《概率：人生的指南》就是近年来出版的贝叶斯主义概率论的重要著作之一。

不过，不少人认为概率是肮脏的，因为它是赌博这种不太光彩的行为的产物。如果真的因此把世界上全部概率文献都烧光毁灭，那将是人类文明的巨大损失。要知道，概率的知识能够帮助人们避开不确定的风险，保全人们的生命和财产。正如王幼军所说："17 世纪以来持续不断的宗教和哲学的争论带给人们这样的一种感觉：确定性是不可能的。在难以控制的不确定性的条件之下，许多人开始接受以洛克为代表的经验主义观点，即人们在生活中的实际判断不是基于确定的知识，而是基于从经验中得来的概率性的知识。'人是不能够像上帝那样从确定性的知识出发而行动的，作为堕落者，人仅仅获得了概率性的知识，人是由源自经验的概率性知识的引导而行动的。'"①

① 王幼军：《启蒙视野中的概率期望思想》，载《上海师范大学学报》2009 年第 6 期，第 41—48 页。

实际上，不确定性是人类生存状况的一个基本事实。正如两位美国数学家所说："偶然性和不确定性的概念像文明本身一样古老，人们不得不应付天气、食物供应和环境中其他方面的不确定性，并为减少这种不确定性及其影响而奋斗。"① 概率是人类为应付偶然性和不确定性而发明的武器之一。

应对这种偶然性和不确定性的方法之一是向经验学习，而贝叶斯概率理论可以很好地刻画经验对人们的行为所产生的影响。简言之，概率理论不仅可以捕获证据之间的联系，检验科学假说，而且可以用来描述学习对人们行为的影响。下面我们的分析以寓言"狼来了"为例展开。②

伊索寓言"孩子与狼"讲的是一个小孩每天到山上放羊，山里时常有狼出没的故事。第一天，他在山上喊："狼来了！狼来了！"，山下的村民闻声便去打狼，可到了山上，发现狼没有来；第二天仍然如此；第三天，狼真的来了，可无论小孩怎么喊叫，再也没有人来救他。因为前两次他说了谎，人们不再相信他了。

现在用贝叶斯公式来分析此寓言中村民对这个小孩的可信程度是如何下降的。

首先记事件A为"小孩说谎"，记事件B为"小孩可信"。我们假设村民过去对这个小孩的印象为：

$$P(B) = 0.8,\ P(\sim B) = 0.2。$$

这就是表示，小孩可信的概率是0.8，小孩不可信的概率是

① ［美］Morris H. DeGroot，Mark J. Schervish，《概率统计》，叶中行等译，人民邮电出版社2007年版，第1页。

② 这个寓言故事引自茆诗松等编著的《概率论与数理统计教程》，高等教育出版社2004年版，第47页，其中公式的书写方式作了少许改动。

0.2。现在用贝叶斯公式来求 P(B|A)，也就是计算当小孩说谎时他还有多大可信度的概率。实际上，这个小孩每撒一次谎后，村民对他的可信度都会有所改变。在应用贝叶斯公式计算时，我们要用到概率 P(A|B) 和 P(A|～B)，这两个概率的含义是：前者为“可信”(B) 的孩子“说谎”(A) 的可能性，后者为“不可信”(～B) 的孩子“说谎”(A) 的可能性。在此不妨设

$$P(A|B)=0.1,\ P(A|\sim B)=0.5。$$

第一次村民上山打狼，发现狼没来，即小孩说了谎（A）。村民根据这个信息，对这个小孩的可信度改变如下，用贝叶斯公式计算可得：

$$\begin{aligned}P(B|A)&=P(B)P(A|B)/[P(B)P(A|B)+P(\sim B)P(A|\sim B)]\\&=0.8\times0.1/(0.8\times0.1+0.2\times0.5)\\&=0.444\end{aligned}$$

这表明村民上了一次当以后，对这个小孩的可信度由原来的 0.8 调整为 0.444，也就是说：

$$P(B)=0.444,\ P(\sim B)=0.556。$$

在此基础上，我们再一次用贝叶斯公式来计算 P(B|A)，亦即这个小孩第二次说谎后，村民对他的可信度改变为：

$$\begin{aligned}P(B|A)&=0.444\times0.1/(0.444\times0.1+0.556\times0.5)\\&=0.138\end{aligned}$$

这表明村民经过再次上当，对这个小孩的可信度已经从 0.8 下降到了 0.138，如此低的可信度，村民听到第三次呼叫时怎么

再会上山打狼呢？[1]

从这个例子，我们可以看到用贝叶斯定理可以很好地刻画经验对人们心理变化的影响，它深刻地剖析了村民被骗多次后不愿上山救这个小孩的原因，因为此时小孩说谎的概率已经接近90%！

这个例子实际上是用贝叶斯定理生动刻画了村民的心理变化。下文对如何用概率来测定信念的变化作出了具体的说明。首先，对于先验概率P(B)，是如何测定的呢？我们考察的是小孩说谎或者没有说谎两种情况，如果我们对这个小孩一无所知，按照无差别原则，我们应当给这两种可能性赋予同样的概率值，即$P(B)=P(\sim B)=0.5$。假设其他条件不变，那么小孩第一次说谎后，他的可信度便降低到16.7%了！而第二次说谎后的可信度则降低到13.8%！这也就说明了为什么村民被骗一次就会得到深刻教训的原因。在现实生活中，人们很少会在同一个地方被骗两次。这个概率值更能解释当小孩第三次喊“狼来了”时再也没有人上山去救他的原因，因为这时人们认为他说谎的可能性已经高于86%！这也说明了在现实生活中用同一种骗术是很难让人连续上当受骗三次的。这就是俗话说的“事不过三”。

对于概率和概率逻辑，此前国内尚未有人以这种通俗易懂而不失深刻性的方式作过全面系统的翻译介绍。该译著此时推出的意义很大。从内容上看，此书参考了概率逻辑领域相关的最重要的文献，很好地把握了国际上概率逻辑和概率解释研究的前沿动态。它给人留下深刻印象的是分析的精致性和文本的可读性，可

① 茆诗松等编著：《概率论与数理统计教程》，高等教育出版社2004年版，第47页。

以说它的可读性和清晰性超过当前推出的很多逻辑和哲学论著。该书在逻辑哲学上采纳的是逻辑多元论立场。据此立场观点，逻辑系统的现实原型具有多面性，逻辑系统的“恰当相符性”因而具有相对性。由此可以对概率的各种解释不同程度的恰当性及局限性作出恰当的评价，从而完成对概率逻辑合理性恰到好处的“局部辩护”。显然，这些观点都是很有新意的。我们的总体感觉是，该书反映出作者的数学和逻辑基础都很好，在分析哲学、语言哲学、哲学史、科学史等广阔的学科领域受过良好的训练，既掌握了扎实的基础知识，又富有独创性。

在国内逻辑界，从学术梯队的视角看，江天骥教授、桂起权教授可以说是概率逻辑研究的元老，归纳和概率逻辑的引路人，属于第一代；鞠实儿、陈晓平和张建军教授等则属于概率逻辑研究梯队的第二代；雒自新、刘叶涛等则属于概率逻辑研究的第三代学者。看到他们的这些骄人成果，我们为我国归纳和概率逻辑研究后继有人而感到欣慰。

1987 年，江天骥教授出版了我国第一本系统介绍概率逻辑的专著。在这本书中，江先生指出：“金岳霖先生晚年比较注意研究归纳逻辑，有一次我去拜访他，看见他正在阅读史蒂芬·巴克的《归纳与假说：确证逻辑研究》(1957）一书，他还读了有关现代归纳逻辑的其他著作。对培根的古典归纳逻辑，他也很重视。可惜由于体力衰竭，他晚年似乎没有留下探讨归纳逻辑问题的文章。”① 我们推测，江先生早在 20 世纪 80 年代就注重概率逻辑的研究，其出发点就是为了填补这一理论空缺。

① 江天骥：《归纳逻辑的新进展》，载《金岳霖学术思想研究》，四川人民出版社 1987 年版，第 207 页。

江天骥先生指出，概率逻辑是在不断消解归纳悖论的过程之中逐步确立并且加固自己理论基础的，与此同时新旧理论也在不断地更替。在概率逻辑的开创者披荆斩棘、“过五关斩六将”的过程中，出现过形形色色的归纳悖论，如著名的“酒水悖论”、古德曼悖论、彩票悖论、逃票者悖论等。所有这些归纳悖论和疑难都起到了概率理论的试金石和“智能的磨刀石”的作用，同时也像喷气式助推器那样，推动着概率逻辑的发展。

曾经有一位资深学者对归纳和概率悖论感到困惑，他与桂起权教授探讨：古德曼的蓝绿宝石悖论和亨普尔的乌鸦悖论，看起来很像是文字游戏、弯弯绕的绕口令，真不知研究它们对于逻辑发展有什么益处？桂教授的回答是：如果无法消解这些悖论，那么概率逻辑的合理性就不能得到辩护，就没有牢靠的哲学基础，这样的话，概率逻辑学家就一刻也不得安宁。情况正是这样，概率逻辑本身就是在试图解决这些悖论、疑难的过程中逐步发展起来的。实际上，概率逻辑的发展历史就是一个不断解决悖论、疑难的过程。

这部关于概率的著作正是按照上述思路，以恰当性问题为主线，强调概率逻辑的发展就是一个不断追求恰当性、合理性的过程。它探讨了概率逻辑在现实原型中的经验基础，尝试在科学研究实践中，尤其是在日常生活的背景下研究各种概率解释的恰当性和合理性，推进了我国概率逻辑的哲学的研究。

我们注意到，这部著作的重点不是探讨概率的数学和逻辑技术细节，而是深入研究和阐述了概率和概率逻辑的哲学问题。江先生指出：“归纳逻辑历来是哲学家和统计学家都很关心的一个研究领域。”当然，哲学家和统计学家关注的角度有所不同。哲学家尤其是科学哲学家比较重视认识概率（又名为“主观概率”，实为通过主观认识反映客观世界），统计学家往往只注重客观概率，却不承认“主观概率”。与统计学家不同，正统科学哲学家是“基础主义者”，主要关心如何解决逻辑经验论的哲学问题，关心科学理论何以具有合理的逻辑基础和可靠的经验基础。因此，他们专注于探究语言和逻辑的形式系统，非常强调概率逻辑合理性的辩护问题。然而，统计学家们对哲学方面的讨论却莫名其妙地反感，甚至对概率哲学持拒斥态度。这一切恐怕都源于对概率逻辑本质的认识有偏差。可见，着重从哲学的角度考察概率很有必要。

实际上，概率哲学研究的主要问题之一就是从不确定中寻找确定性，从确定中探究不确定。在 2020 年初以来全球抗击新冠肺炎的战役中，这种概率哲学的思维方式表现得非常突出。比如，在新冠肺炎的治疗过程中，医生和患者在制定治疗方案时需要讨论治疗结果的确定性和不确定性；无论是采用中医还是西医治疗，医生在制定方案时，会向患者说明确定的疗效并解释潜在的风险和副作用，并征得患者同意承担治疗可能带来的风险。在判定可能产生的各种结果时，医生依靠的是从随机对照试验中得到的医学证据。由此不仅可确定药物疗效等正向结果，也获得药物副作用等负向结果及其出现的概率。换句话说，医生一方面提出了确定的治疗方案，另一方面则明确表示：治愈只是一种可能性，不能治愈的风险是存在的。治疗结果是不确定的。这就是确定与不确定的辩证法。

如果说治疗疾病的决策主要是技术性的，具有较大的确定性，那么控制流行病的决策就不止于此，还需要考虑各种非技术的不确定因素。也就是说，流行病控制不仅需要多学科的技术合作，更需要考虑政治、管理及文化的措施，这就充满了不确定性，从而使控制流行病的决策在一个充满变数的情况下制定和实施。

可见，控制流行病的决策涉及众多复杂的不确定因素，是在不断的动态调整中进行的。这种决策的不确定性比通常的医疗决策大得多，对于新发流行病更是如此。从这次新冠病毒全球大流行过程中各个国家的应对措施来看，虽然是因地制宜、各显其策，但有一点是共同的：它的决策常常是在概率判断的基础上制定的。例如，英国政府在决定从第一阶段的“防堵”策略转变到第二阶段“拖延”策略时，主要的转变理由就来自“推测”。这显然是一个概率判断。

总之，在控制疫病的战役中，我们关于概率的哲学思维体现在，不仅要尊重客观规律，这是确定性的一面；另一方面，许多不确定性因素的干扰也使得人们对客观规律的认识面临着巨大的挑战。因此，事物都是在确定性与不确定性的交织中向前发展的。在这个进程中，概率和概率的观念始终与我们同行。

罗博顿著、雒自新译的《概率：人生的指南》深入浅出地探讨了概率逻辑的哲学问题，在国内逻辑学界和科学哲学界对概率逻辑都不够重视，而逻辑学界又对概率哲学问题研究不够系统深入的背景下，这种探讨尤其具有重要意义。

实际上，概率理论“在近三十年来获得更令人瞩目的发展”。在应用方面，经济管理也成为应用贝叶斯概率方法的最重要的领域之一。在理论上，概率理论不仅是一种关于统计推理的理论，而且将发展为“贝叶斯的科学哲学”[罗森克兰茨（R. D.

Rosenkrantz）］。关于概率的各种不同的解释是概率哲学研究的重要内容，而主观解释具有较大的深刻性和合理性。在江天骥先生看来，贝叶斯主义的“主观概率”比单纯的“客观概率”更加全面，更加符合实际，因为它能同时把握主客观，把两个方面的因素都考虑进去。实际上，他常常用“私人主义”替代“主观主义”；用“认识概率”“心理概率”来替代“主观概率”。其用意就在于表明，这种概率可以通过主观认识反映客观真实。然而，学术界对此有比较清醒的认识恐怕是比较晚近的事情了。

在这部著作中，作者深入细致地探讨了关于概率的各种不同的解释，用生动活泼的案例阐释了生活世界中的概率问题，用时兴的话来说就是很接地气！书中关于概率解释的论述，其深入浅出的程度达到了相当高的水平。可以说它是一部人生的指南，生活的教科书。广大读者一定会从中受益！

记得冯小刚执导的影片《非诚勿扰》当中，有一段话给人留下了深刻的印象：世界上之所以战火不断、冲突加剧，其根源就在于分歧得不到公正的裁决。套用影片主人公的说法，我们可以说：如果人人都掌握了基于贝叶斯主义概率的决策与博弈的方法，那么抗疫之战是赢还是输，由疫情点燃的“宅经济”会在多大程度上影响市场的现在和未来，特朗普连任总统的可能性有多大，新冠肺炎2020年在中国第二次爆发的可能性有多大？如此这般的问题都可以通过概率和逻辑来判定！

实际上，探讨概率、概率逻辑以及概率哲学，关注决策、博弈及其概率理论是江先生和我们孜孜以求的目标。我们梦想，有一天会找到一种概率和概率逻辑方法，应用它可以得心应手地解决一切纠纷和争端，小到孩童游戏，大到世界性流行病，甚至政治经济危机，都可以迎刃而解、化险为夷。而这种方法的核心就是贝叶斯主义概率理论。

综上所述，本书不单刻画了有关概率的不同解释，“还从日常生活入手，提供了针对这些解释的证明和反驳”（见本书作者“序”），并把它们应用到了日常生活实践当中。本译著也是国家社科基金重大项目（15ZDB018）的成果之一，现在上海人民出版社决定在国内出版该书，我衷心祝福雒自新博士、刘叶涛教授，祝愿此书的作者、译者、审校者和读者在大疫之年诸事顺利、平安幸福！

任晓明

2020 年 3 月 29 日

序 言

我的打算是针对概率的哲学写一本具有高度可读性的导论性 ix
的书，它会让任何一个用到概率这门学问的学生受益很多。这样一本书不单单描画了有关概率的各种不同的解释，而且还从日常生活入手，提供了针对这些解释的证明和反驳。它还把这些研究成果应用到了日常实践当中。本书针对概率推理中几个常见的谬误进行了解释（第九章），此外还就发生在社会科学和自然科学领域的概率现象进行了解释（第十章）。

写这样一本书尽管十分辛苦，但我却感到乐此不疲，因为就当前来看，大多数学术上的声誉都是和研究的产出率相关联的。遗憾的是，就这一点来说，写一本导论性的书对一个学者来说并不是一件好处最大的事（尤其是对于一个初出茅庐的学者来说）。（2010 年我开始写这本书时的确是初出茅庐，而我的计划是在 2012 年就把书写完。如今看来，我是一个挺任性的作者！）不过，如果本书所写的内容中能体现我对这个主题的满腔热情，而且能够推动大家就此进行更深入的研究（如果你此前还没有这样做过），对我来说这就算是最大的奖赏了。如果的确如此，或者如果关于这本书里面的内容你有什么问题想问，都请直言相告！

我要对许多人表示感谢。首先，我愿将最诚挚的谢意送给对本书初稿或者其中的部分内容提供意见的每一个人：克里斯·阿特金森（Chris Atkinson）、洪真如（Jenny Hung）、威廉·佩登（William Peden）、毛里齐奥·苏亚雷斯（Mauricio Suárez）、乔
x 恩·威廉森（Jon Williamson）、张寄冀（Jiji Zhang），上过我的
“概率与科学方法”课的学生们，以及政治出版社（Polity）指派的匿名评审人。其次，我想对唐纳德·吉利斯（Donald Gillies）表达诚挚的感谢，是他激发了我对概率的哲学的兴趣，而且我所知道的关于这个主题的许多东西都是他教给我的。再次，我必须感谢政治出版社的几位编辑，埃玛·哈奇森（Emma Hutchinson）、萨拉·兰伯特（Sarah Lambert）以及帕斯卡尔·波尔舍龙（Pascal Porcheron），他们以极大的耐心从头到尾帮助我完成了这项工作。最后，我要衷心感谢萨拉·丹西（Sarah Dancy）对书稿所做的一丝不苟的审校，而且还去掉了很多没有必要的感叹号！

第一章　概率：一种对于生活的两个面向的指引？

一、为什么我们要关心概率？

一本关于怎样理解概率的书听起来也许不会那么有意思；事 1
实上，如果你对数学不感兴趣，这样一本书也**可能**不会让你觉得有什么意思。然而，如果不懂概率的话，你**可能**会发现自己会做出一些坏的决定。（如果我告诉你，我在上学的时候就曾经从那些应该足够了解概率、但实际并非如此的人那里赚了很多钱，这样说有可能引起你的兴趣吗？关于这一点，我们会在第三章进行更多讨论。）有时候你会在不该采取行动的时候采取了行动，而在应该采取行动的时候却反而无动于衷。不要轻易相信我说的话。下面就让我们来看一看日常生活中那些涉及概率的场景吧。

假想你非常想去爬一座山，你查了当天的天气预报，说那里的降水概率（或者下雨的**机会**）只有二十分之一，或者说，百分之五。你该不该带上雨衣呢？

显然，回答这个问题要考虑和语境的关联，让我们来看一看其中的关联有哪些。假如你根本就没有雨衣，而且要想找到雨衣还有些困难，但你却不想被雨淋湿。总之，你认为被雨淋湿比费
2 事去找雨衣会更让人不愉快。当然，理想的情况是：你既不用带雨衣，**也**不会被雨淋湿。为了让这里的讨论更加精确，我们可以给每种可能的结果指派一个数值，也就是一个**效用**（utility）。不过，为了避免把问题不必要地复杂化，我们可以按照你的偏好的次序，给四种可能的结果进行如下排序：没带雨衣且没下雨（最好），带了雨衣且下雨（次好），带了雨衣但没下雨（第三好），没带雨衣但下雨了（最坏）。（在这样的场景当中，考虑一下是不是假定了一些还没有被明确提出的事情，总是会有好处的。在这里我想提醒大家：读这本书的同时，应该自始至终坚持去做这样一件事。例如，在当下场景中，“带了雨衣且下雨”比“带了雨衣但没下雨”的排序更靠前，因为我觉得：如果你带了雨衣但却没下雨，你会感到有些郁闷；你可能会想：“我本就不该费事带着这个东西的！”也许在描述这个语境的时候，我本来就应该补充这一点，让它作为一项规定。）

这样一个偏好次序让这样一个假设场景中什么东西关乎成败变得更加清楚。如果你带了雨衣，那么，你就错失了得到最佳的可能结果的机会。但是，这也会让你避免遭受最坏的可能结果（而且还有可能得到次好或第三好的结果）。现在看来，如果这个偏好次序就是你所把握到的全部信息，那么，你的选择可能就仅仅依赖于你在对待风险时持有什么样的态度了；比较而言，有的人更乐意选择**规避风险**。但你也知道，不下雨的可能性要比下雨

的可能性更大，这可能会影响到你的决策。实际上，我们马上就会看到，如果“更大的可能”可以通过**一些更容易把握的方式进行解释的话**，这的确会影响到你的决策。大致来说，我们可能已经明白了：为什么说概率通常会被用来测量各种不同的可能性的显著程度。

虽然给出了上面这样的解释，但也许对于概率的重要性，你仍然不够确信。如果是这样的话，我想请你想象一下：假如你没能根据其显著程度给各种可能性进行排序，这样的话，你会觉得所有的可能性都是同等重要的。一颗流星落到你头上的可能性，或者你和一个持刀的精神病患者邂逅的可能性，将会被你认为与被雨淋湿的可能性同样大。你将会为是不是要戴上一顶安全帽、是不是要穿上一件防弹衣等事情而忧心忡忡。事实上，稍加想象就会发现，你会因为这么多可能的命运而感到惴惴不安，以至于深感沮丧和困惑。(当然，毫无作为同样可能是一种坏的选择。 3
但是，即使你闭门家中坐，你也有可能死于一场地震。如此等等!）唯一的好的一面是：除了那些坏的可能性，你还能考虑很多好的可能性；既能考虑到意外发现一批深埋于地下的钻石的可能性，也能考虑到遇见终身伴侣的可能性，如此等等。但是，说真的，除了猜想做什么才是最好的，你根本就没有办法去明确做什么才是最好的。生活就是由一系列这样的猜想组成的。然而，我们大多数人并不这样看待生活，因为我们会认为，如果有谁一直戴着一顶安全帽，他一定是疯了。

然而，这仍然留给我们一个问题，那就是：我们能够并且也应该理解关于概率的各种讨论所反映的东西是什么？这正是本书所关注的主要问题。探究这个问题的答案的一种方式如下：我们如何可能把一个形如“香港今天下雨的概率是50%”的断定，令人满意地**翻译**成一个不需要提到概率的**描述性**断定呢？（请注意我所使用的“描述性”一词。我并不希望这个断定**仅仅**是一个关于某人应该如何采取行动的陈述句。我们希望这样一个断定能够通过一种特定的方式为人们的行动提供好的**理由**。）这样的一个陈述是否**应该**用于指导某人的行动——而且，如果是这样，会采取哪些行动——这取决于我们是如何做出这个陈述的。

我们会在下面谈到这个问题。但是请大家注意：如果你不认真思考关于概率的陈述，你会很容易忽略其中所涉及的各种小把戏和微妙的东西。例如，再来考虑一下我们上面提到的要不要带雨衣的场景。你知道你想要爬的那座山所在的地区的降水概率是5%，但你只希望去爬那个地区的一座山。那么，**你打算爬的那座山**（或者更准确地说，在你打算攀爬的那条路线上）降雨的概率会有可能不是5%吗？这个概率可能会更低一些，还是更高一些呢？在继续阅读之前，你有没有考虑过这些呢？

二、概率的两面

让我们来想象这样一个场景：我从口袋里拿出了一枚普通的硬币。当我把它抛起来让它自由落体的时候，你觉得我得到硬币“正面”朝上这一结果的概率是多少呢？我已经在很多场合问
4 过学生这个问题了。下面的对话表明了这样一种讨论是怎么进行的——这是一种最好的讨论方式！

达瑞：当我抛起这枚硬币的时候，正面朝上落地的概率会是多少？

学生甲：这个概率是50%。

达瑞：其他人有不同意见吗？

学生乙：我觉得我们并**不知道**这个概率是多少。

达瑞：真的吗？为什么会是这样呢？

学生乙：我们需要做实验来评估一下这个概率值。

达瑞：这样的话，你要对甲说些什么呢？

学生乙：这枚硬币——或者你把它抛起来——可能是不均匀的。我们不知道情况是不是这样。因此我们不得不做实验来搞清楚它是不是这样的，而且，假如情况真是这样，就要搞清楚偏差的程度有多大。

达瑞：好。也就是说，你认为如果我重复抛起这枚硬币，并记下它落下时正面朝上的**频率**，我们就能较好地评估一次抛掷硬币得到正面朝上的概率，是这样吗？

学生乙：是的，没错。

达瑞：也就是说，你觉得，如果通过某种魔法我们一直持续这个过程的话，**实际**的概率肯定会明确地显示出来。如果我们抛掷这枚硬币无限多次，并记下每一次的结果，就会从中得出**实际的**概率，对吗？

学生乙：是的，我就是这么想的。

达瑞：好吧。甲，对于乙说的这些，你怎么回应呢？

学生甲：哦，这枚硬币也许的确是不均匀的……

达瑞：……你的意思是，我抛掷这枚硬币的过程也许最终得到一面朝上的频率会比另一面的频率更高？

学生甲：我们当然可以这样理解。但是，即使我们想象这枚硬币是不均匀的，我们也不知道它是**怎样**不均匀的。因此，得出下面这个结论似乎是正确的：**基于我们所知道的信息**只能推断出，结果是正面朝上的概率和结果是反面朝上的概率是一样的。

达瑞：这就是说，你觉得确实存在着不一样的地方。乙，如果我的看法是错误的，请你纠正，但是按照你的观点，如果把这枚硬币换成另一枚，这个概率可能会不一样吗？换句话说，会是因为实验配置上的改变而导致不一样吗？

学生乙：是的。

达瑞：但是，甲，按照你的看法，即使我换一枚硬币，概率也会保持相同，是吗？

学生甲：是这样的。嗯……如果你不告诉我，或者我不知道更多关于这枚硬币的情况，那么情况就是这样的。

达瑞：好了。你是说，要想准确回答一个和我们正在讨论的关于“概率是什么？”相类似的问题，需要考虑所能掌握的信息有哪些，是吗？

学生甲：是的。如果你只告诉我你有一枚有两个面的硬币，那么我所知道的全部事情就是，当你抛起它并让它自由落体的时候，就会出现两种可能的结果。

达瑞：于是你的结论就是，得到其中一种可能结果的概率与另一种相同，是这样吗？

学生甲：是的。

达瑞：为什么会是这样呢？

学生甲：根据我所掌握的信息，我们没办法在这两种可能的结果之间做出选择。每一种可能结果都与另外一种结果同样

“鲜活”。

达瑞：好的。甲的观点我称之为**基于信息**（information-based）的观点，而乙的观点我称之为**基于世界**（world-based）的观点。通常来看，这些已经被赋予了不同的名称——例如，**认知的**和**客观的**，或者**认知的**和**偶然的**——但我认为这些名称会让人感到更加困惑。

总而言之，我们有可能通过两种主要的方式来解释关于概率的讨论：或者把它说成是关于世界的事情（**基于世界的**），或者把它说成是依赖于人的信息状态（**基于信息的**）。也许你会觉得这些定义有点含糊，但它们本来就是这样的。事实上，在这两类关于概率的讨论的解释之间存在着很多更具体的差别。我们会在整本书中对这些解释进行考察，而且我会在本章末尾列出这些解释的一个清单。不过，眼下还是让我们只考虑上面的对话怎样继续进行下去吧。让我们考虑一下我们怎样才能开始去论证这一点：概率应该被理解为基于世界的还是基于信息的。

学生乙：等一下。我有个问题要问甲。 6

达瑞：问吧。

学生乙：为什么你不考虑这枚硬币侧面着地这种可能性呢？

学生甲：这是个好问题。因为我假设我对相似的硬币的表现已经有所认识了。

学生乙：那么，我们难道就不能说你已经**认识到**了相似的硬币是均匀的吗？或者如达瑞所说，当硬币被抛起的时候，从长远来看，正面朝上落地的频率将是50%吗？

学生甲：我并不觉得我已经认识到了这一点！

达瑞：甲，你只能说，你掌握了从经验中学到的**某种信息**，并把这种信息用于缩小可能性的范围。实际上，我猜想你也已经假定了当硬币被抛起后它将会落地？

学生甲：当然！

达瑞：正确。你掌握了你所拥有的全部相关信息——有些来自你自己先前的经验——而且你也想到了这些相关信息怎样才能同当前的问题建立起关联。你关心的问题是：这些**信息**是否与下述断定有某种关系："当达瑞抛起这枚硬币后，它落地时会正面朝上。"

学生甲：是的。如果除了由此而产生的可能结果之外，我并没有关于抛掷硬币的其他信息，那么我会分别给"正面""反面"和"侧面"以相同的概率。

学生乙：我明白了。看来，甲要做的并不是去考虑这枚硬币是否均匀，而是要告知她所把握的信息——或许是她所掌握的知识——在何种程度上表明了"这枚硬币被抛起之后正面朝上落地"为真。

达瑞：太好了。看得出来，这堂课会非常棒！

基于上面这些对话，你也许得到了这样一个印象：在基于世界的观点和基于信息的观点之间做出选择，会是一件很困难的事，因为两个学生都有各自合理的视角。这是一个好的印象。因为尽管你会发现关于这一点的争论已经持续了**相当**长的时间，但在学术界，关于哪个观点是正确的，本就众说纷纭。

三、一元论还是多元论 7

但是，关于概率的讨论难道只有这样一种考察方式吗？为了回答这个问题，让我们把前面的对话继续进行下去，并引入一个新的角色——学生丙。

学生丙：我认为甲和乙的观点都有其合理成分。然而，这两种观点难道不可能同时成立吗？

达瑞：这个问题很好。我们一起来分析一下。对于抛掷硬币的概率，它们有可能都是正确的吗？

学生丙：我猜不能。它不可能既是50%又是其他某个值！但是按照甲的观点，它是50%，而按照乙的观点，结果又是其他某个值。

达瑞：在下面这一点上你的看法是对的，即在任意给定的解释之下，概率不可能同时具有两个值。因此，如果我说“正面朝上的概率是 *r*”，那么当通过任意具体方式来理解“概率”的时候，*r* 只能有一个值……

学生丙：对，这个我明白。但是，或许我们仍然可以通过每一种方式分别去解释“概率”？看来对于硬币正面朝上落地也许会存在两种不同类型的概率？一种是基于世界的，另一种则是基于信息的，它们可以具有不同的值，是这样吗？

达瑞：当然。关键是保证其中没有矛盾出现，而且要避免语义歧义，所谓语义歧义就是指在同一论证语境中，相同的词被用来指称不同的东西。

学生丙：因此，要是说量子力学中的概率应该被理解为基于世界的，而抛掷硬币的概率应该被理解为基于信息的，这其中**肯定**没有逻辑上的问题吗？

达瑞：在逻辑上确实没问题。在不同语境中使用概率的不同解释，这没什么问题。实际上，不存在什么**逻辑上**的东西能够阻止你在讨论抛掷硬币的情况时**仅仅**使用基于世界的观点，而在讨论例如掷骰子的情况时**仅仅**使用基于信息的观点。尽管这样做有些奇怪……

8 **学生甲：**这是因为这两种情境是如此相似吗？

达瑞：对。因此，讨论硬币的时候只使用基于世界的观点，而讨论掷骰子的时候只使用基于信息的观点，这样的做法很难令人信服。

学生乙：但是，如果我们把量子力学和天气预报作对比，可能会有一个很好的理由，从而对每种情况中分别用到的概率去使用单独一种不同的解释吗？

达瑞：许多提倡**多元论**的哲学家——他们认为关于概率的合理解释不止一种——将会回答“是的”。例如，卡尔·波普尔就认为量子力学中的概率是基于世界的，而科学理论的确证中所涉及的概率则是基于信息的。我们会在第十章讨论这两个领域。

学生丙：如此说来，关于概率的**一元论**又是什么样的情况呢？

学生甲：简单、精致与统一是一元论的特征。事情也许可以很简约地收尾。

达瑞：是的，也许确实是这样。但我们可能不想为了简单性而牺牲掉解释力。而且，除此之外，也许这个世界真的就是一个复杂的地方？

学生甲：我明白你在说什么了；你是说，两个竞争性理论中较为简单的那个也许并不是正确的那一个，或者比较正确的那一个。但是，**如若其他情况相同**，简单性和统一性就应该用在对不同的解释进行选择的时候吧？

达瑞：也许吧。抽象地进行讨论是很困难的事。后面我们在考察布鲁诺·德·菲奈特（Bruno De Finetti）的具体想法时，再来进一步思考这个问题吧，在基于信息的观点上，他是一个坚定的**一元论者**。他努力去**解释**为什么基于世界的观点有时候看起来会那么吸引人。我们也可以事先考虑针对一元论的一种经典的论证，这个论证来自皮埃尔·西蒙·拉普拉斯（Pierre Simon Laplace）。

我们已经看到，如果我们问“关于概率**唯一**正确的解释是什
么”，也许会把人们引入歧途。“在如此这般的语境中，对概率陈
述的正确解释是什么？”这个问题也许更加明智。要怎么选，是 9
你自己的事情。

四、拉普拉斯之魔：一个思想实验

但是，你应该怎样进行选择呢？一种方案是利用思想实验。拉普拉斯（下一章我们还会遇到这个人）用了一个著名的例子去论证基于信息的一元论。这里我想给出该论证的一个改进版。

我们来想象一个强大的存在物，一个所谓的“魔鬼”。下面这些表述对它是成立的：

1. 它知道有关我们的宇宙初始状态的所有事情——它知道从一开始就存在的所有东西，因而知道它们的所有属性。

2. 它知道我们的宇宙当中所有的基本自然法则，而这些自然法则支配着身在其中的东西的行为表现。

3. 它有能力快速运行任何一种演算，不论这有多么复杂。

4. 它并不是我们的宇宙的组成部分。

现在我们来设想：如果这个魔鬼要预测关于我们的宇宙所要发生的任何事情，它需不需要概率？拉普拉斯的回答是一个干脆的“不”。或者更精确一点，他的结论是：

5. 它能够迅速地判定我们的宇宙在任意时空位置的状态。

（拉普拉斯最初的思想实验说的是一个知道它自己所在的宇宙的当前状态的魔鬼。他断定这个魔鬼能够计算出将来**和**过去的所有状态。但这却导致了很多问题，而这些问题正好都是我的上述版本能够避开的。）

让我们试着进一步理解这个魔鬼所处的情境。设想有一个极
10 简的宇宙，它只包含两个东西，只服从经典的机械和引力法则。想象只存在两个微小而且不可分隔的（而且完全是固体的）球体，其中一个环绕另一个旋转。即便是我们这种只具有有限智力的生物，只要我们已经知道了两个球体初始的位置、速度和体积

(以及上述规律)，也能快速地判定这样一个宇宙在任意时空位置的状态。

由此拉普拉斯认为，**由于我们的无知**，因而我们是需要概率的。只要我们想象一下在上述极简情况下我们缺少其中一条信息，就会看清楚这一点。比如，我们缺少那个不旋转的球体的初始位置的知识。于是我们就不能精确地预测出在未来任一特定时刻的状态了。然而我们仍然可以使用概率去言说关于这些状态的**某些事情**。

可是，上面这个论证有效吗？如果它的前提都是真的，它的结论就不可能假吗？并非如此，因为还有一个至关重要的隐含假定。(也许还有其他的，但这个尤其重要。) 这个假定指的是：基本的自然规律中本就不**包含**概率。但是，我们为什么要这样认为呢？为什么我们非要**假定**，对任一给定的初始状态来说，只有一种可能的未来呢？这个宇宙也许本就是**非决定论的**；我们在后面第八章讨论波普尔有关基于世界的概率的倾向（propensity）论时，再来讨论这一点。

值得补充的一点是，有一些物理学领域，如量子力学，在那里我们所掌握的最好的（候选）规律当中**确实**已经包含了概率。如此看来，拉普拉斯的思想实验（乃至我的改进版本）并不像初看上去那么完美。

五、对概率的解释：一个初步的分类

如上所论，关于概率存在着几种不同的解释，而它们可被归入两个主要的范畴：基于世界的和基于信息的。如表 1.1 所示。

11 表 1.1　关于概率的解释的分类

基于信息的解释	基于世界的解释
经典的	
逻辑的	
主观的	频　率
客观贝叶斯型的	倾　向
群组的	

在本书第二章到第六章，我们将逐一考察基于信息的观点。然后再来考察基于世界的观点。在本书倒数第二章，我们将基于对这些解释的把握，考察一些在概率使用过程中出现的谬误、谜题和悖论。在最后一章我们将系统考察概率如何与下述问题相关：我们如何理解在人文科学、自然科学及社会科学领域当中人们对理论所做的选择。

第二章　经典解释

来自赌桌上（在本书中赌将是一个反复出现的主题）的迫切 12
需求，促使概率的数学理论得到了发展。在游戏结果中会出现一些令人不解的模式，尤其是在掷骰子的时候，于是人们就很自然地想到去寻找可以理解它们（最好是能够预测它们）的某种数学上的手段。此外，还有一个问题是说，如果一组打赌游戏不得不提前停止的话，玩家之间如何公平地分配赌资。如果我有一个较好的机会战胜你，那么我将比你得到赌资总额中更多的钱，这似乎是公平的。但是，我们怎样才能测量我们获胜的相对机会呢？我们应该如何分配赌资呢？

概率理论的发展（或者至少是现代概率论最初的发展）是17世纪三个法国人之间进行对话的一个结果：一个名叫戈邦德（A. Gombaud，又称为Chevalier de Méré）的赌徒，数学家帕斯卡（B. Pascal）和费马（P. de Fermat）。赌徒提出了如何分配赌资的问题，而另外两个人解决了它——最初提出这个问题的，是比这个赌徒早 100 多年的一位名叫帕西奥里（L. Pacioli）的数学家。以下是这个问题的一个简化版本。

两个玩家一致同意来玩一组**公平**的赌钱游戏，而且每个人拿出来的赌资是相同的。（我们将会看到，这些游戏是公平的这一
13 点十分重要。我们可以把这些游戏想象为抛掷一枚均匀的硬币。出现正面朝上的结果算玩家甲获胜。出现反面朝上的结果算玩家乙获胜。）他们同意，率先赢三局的一方将获得全部赌资。然而不巧的是，在没有任何一方赢得三局的时候，他们就不得不终止这场游戏。游戏停止的时候，玩家甲赢得两局，而玩家乙赢得一局。这时候赌资该怎么分配呢？

帕斯卡和费马都认识到，回答这个问题的关键就在于去考虑在上述游戏终止的情境当中，两个玩家未来有多少种可能的结果。其他试图回答这个问题的人，通常只考虑了在过去游戏停止的时间点上已经发生了什么，并试图以此为依据分配赌资。例如，有人提议，玩家甲应该获得赌资总额的三分之二，因为他获胜的局数是玩家乙的二倍。但我们下面就会看到，这个提法是不对的。

下面就让我们列出这一系列游戏得以完成的所有可能的结果吧：

1. 玩家甲在接下来的一局游戏当中获胜。（于是玩家甲赢得了全部赌资。最终的比分是 3 比 1。）

2. 玩家乙在接下来的一局中获胜，但玩家甲在之后的一局中获胜。（于是，玩家甲赢得了全部赌资。最终的比分是 3 比 2。）

3. 玩家乙在接下来的两局游戏当中获胜。（于是，玩家乙赢得了全部赌资。最终的比分是 2 比 3。）

现在让我们重启对话模式，来看一看从这种分析当中我们会得到什么结果。

达瑞：让我们想象一下，我的推理如下。共有三种可能的结果。玩家甲在其中的两种结果当中获胜，而玩家乙在剩下的一种结果当中获胜。因此，总赌资的三分之二应该归玩家甲，而剩下的三分之一应该归玩家乙。这样的分析错在哪里呢？

学生甲：很简单，第一种可能性发生的频率大概是二分之一，因为硬币是均匀的……

达瑞：对。让我暂时先打断你，以便帮助其他人跟上你的思
路。我觉得我们可以把这个问题分解成几大部分。那么，现在我 14
们就知道至少会有一半的赌资应该归玩家甲吗？

学生甲：是的。而且我明白接下来你的提法是这样的：现在我们能够想到剩下的赌资应该如何分配？

达瑞：非常正确。现在我们来考虑剩下的两种可能性……

学生乙：或者换种说法，我们来考虑这样一种情境，在其中比分相等，每个玩家各赢一局，但赌资是我们最初场景中的一半。我们的问题是：如果游戏没有最终完成，怎样分配赌资才算公平？

学生甲：非常聪明！你显然已经回答了这一部分的问题：他们的比分相等，而且游戏是公平的，因此平均分配是公平的。是这样吗？

学生乙：我就是这样想的。我们现在只需要把总数加起来。玩家甲会得到一半，再加上一半的一半（当然就是四分之一）。

因此，玩家乙应该得到四分之一，剩下的应该归玩家甲。

达瑞：这个推理很漂亮。你逐步考察这个问题，其中的每一步都是公平的游戏，这样答案就变得显而易见了。当然，我们可以用上点数学技巧，以避免列出每一种结果；但你们的基本策略是正确的。

我们可以用一幅图来描述所有可能的结果，这将有助于理解上面对话中学生们使用的推理。让我们用（x，y）来表示比分。这里的 x 是玩家甲的得分，而 y 是玩家乙的得分。初始状态是（2，1），而可能的结果是（3，1）和（2，2）。然后，从（2，2）出发，可能的结果是（3，2）和（2，3）。紧贴着箭头，我们可以写下该箭头所指向的结果发生次数的分数值（想象相同的场景可以不断重复）。因此，例如紧贴着从（2，1）到（3，1）的箭头的数字表示的是（2，1）之后发生（3，1）的次数的分数值；也就是说，当游戏进行的时候。因为这些游戏被定义为是**公平**进行的，所以我们认为，对于图中的每个箭头来说，该数字都是相同的；在每个游戏当中，有一半的次数是玩家甲将会获胜，一半的次数是玩家乙将会获胜。

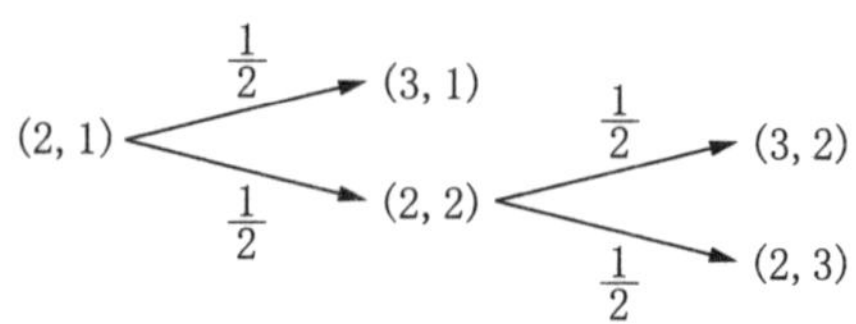

图 2.1　分配赌资问题中的可能结果

现在，要想计算出从初始点出发得到任意结果的频次也很容易。需要做的不过就是将紧贴着相关箭头的分数相乘。因此，如果我们想知道当初始比分为（2，1）时，结束于（2，3）的这一组游戏的频次是多少（事实上，这也就是该场景当中玩家乙将会获胜的频次），我们就从（2，1）开始，跟随着两个箭头，记下紧贴着每个箭头的数字。第一个箭头指向（2，2），而第二个箭头指向（2，3）。每个箭头的上面都标记着一个二分之一。现在我们相乘：$\frac{1}{2} \times \frac{1}{2} = \frac{1}{4}$。我们期望（2，3）是最终结果的频次是四分之一。因为这是玩家乙获胜的唯一终止状态，所以很显然，当游戏终止于（2，1）时，分给玩家乙总赌资的四分之一是公平的。

现在我们可以回溯到19世纪早期，拉普拉斯给出了概率经典理论的经典陈述：

> 机会理论（the theory of chance）就在于将所有同类事件归约为相当数量的等可能情况，也就是说，对这些情况我们在同等程度上无法判定它们的存在，也在于决定有多少情况对于其概率尚待确定的事件是有利的。这个数量与所有可能情况的数量的比值就是这个事件的概率值，因此这个值就是一个分数，其分子是有利情况的数量，而其分母则是所有可能情况的数量。（Laplace 1814/1951：6—7）

我们可以把“等可能”和“在同等程度上无法判定它们的存在”这两种说法理解为：结果**被期待**发生（就像上面结果图中那样）的次数的分数值是相等的。例如，我们不能判定玩家甲会赢得一场游戏，或判定玩家乙会赢得这场游戏，且不能判定的程度相同，这正是因为这场游戏被定义为是公平的。

现在让我们来考虑这样一幅图中的任意一个点。根据拉普拉 16

斯的定义，我们应该要求从该点出发的所有箭头都具有相同的紧贴数字。(尽管从上面这段引文中这一点并不清楚，但我们也应该要求，从任意给定点出发的箭头上的数字相加必须等于 1。之所以这样要求，是为了让所有相关的可能结果都出现在这个图上。为了看清楚这一点，设想在图 2.1 中我们把所有的二分之一换成三分之一。这样的话，我们就会知道，在任意给定游戏中，玩家甲将会有三分之一的机会获胜，而玩家乙也将会有三分之一的机会获胜。但这就意味着在另外三分之一的次数里还会有其他的事情发生，可是我们并没有把这一点包括在内。)

按这种方式考虑——根据该示意图——可以让拉普拉斯定义错在哪里变得显而易见。如果游戏不是公平的，会发生什么情况呢？如果这个游戏偏向于某个玩家，例如由于包含一个被动了手脚的骰子，会发生什么情况呢？或者，如果这是一个技巧性的游戏，而某个玩家更擅长于此，会发生什么情况呢？如果是这样的话，我们必须对概率是什么保持沉默吗？如果我们明显知道为了处理有偏向的情境要如何修改上面这样的图，保持沉默会是一个愚蠢的结论。我们要做的就是让箭头上的值变得不一样，但要确保从任意给定箭头出发的所有数字相加等于 1。好了！我们现在就能毫不费力地解决不公平场景当中分配赌资的问题了。

请看对图 2.1 的调整，如图 2.2 所示。现在是一个有利于玩家甲的游戏。但是我们仍然能够计算出，如果一组游戏在点（2，1）处终止，玩家乙应得的赌资是多少。跟前面一样，我们把相关（指向后面的）箭头上面的分数相乘。我们发现，在游戏终止时玩家乙只有九分之一的机会获胜。因此我们知道，公平分
17 配赌资的方式是玩家乙得九分之一，而其余的应该归玩家甲。

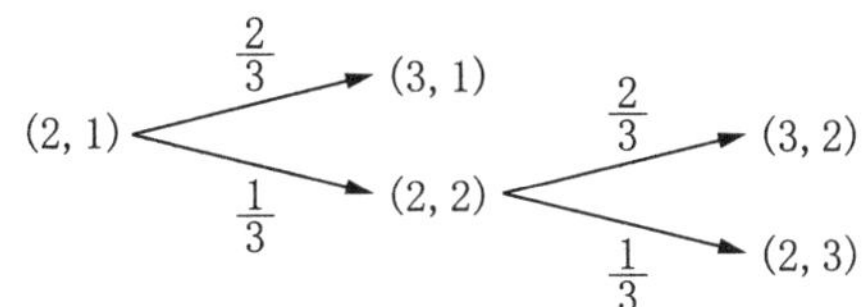

图 2.2　不公平博弈中分配赌资问题上可能的结果

然而，在继续考察其他观点之前，我们应该来考察一段关于上述讨论的最后的而且发人深省的对话：

学生甲：等一下。紧贴箭头的数字不就是**概率**吗？

达瑞：是的，它们就是概率。如果你考虑一下对它们进行相加或者相乘的那些规则，其中一些规则在前面已经提到过，这一点就会变得更加清楚了。

学生甲：这么说的话，要是按照你的讲述方式，你不就是假定了它们是基于世界的吗？毕竟你谈论的是“结果出现的次数的分数值相等”。

达瑞：你提出了一个非常精彩的观点。我这样做是为了说得更清楚一些。但我本来可以换一种手法的。例如，考虑一下我是怎样换一种方式界定什么是一个“公平的”游戏……

学生乙：一个我们根本没有理由期望一种而不是另一种结果的游戏会是什么样子的呢？

达瑞：这样完全可行。引用拉普拉斯的话说，我们“在同等程度上无法判定”哪种可能性将会发生，也就是判定哪个玩家将会获胜，尽管我们不必假定从长远来看每种可能性发生的频次与其他可能性相同。

学生甲：我明白了。实际上，我现在对这个问题有了更进一步的思考，我猜想，即使我们考虑你所定义的公平，以上所用的概率（也就是紧贴箭头的分数值）也可能是基于信息的。

达瑞：你能解释一下为什么吗？

学生甲：当然可以。我们可能没有任何理由期望其中一种结果而不是另一种结果发生，**因为**我们所知道的只不过是：从长远看，玩家甲获胜的频次与玩家乙获胜的频次相等。

达瑞：非常正确。看得很准。因此，我们可以在一种基于世界的意义上使用关于概率的知识——或者，如果你更乐意坚持不存在基于世界的概率，而只是存在事件的频率——以此帮助我们在一种基于信息的意义上指派概率。我们会在后面第五章重新回到这个主题，第五章将会讨论的对概率的解释，名叫“客观贝叶斯主义”。

18 **推荐读物**

要想知道更多关于概率理论的早期历史，可以参阅 David（1962）、Hacking（1975）和 Daston（1988）。（如果逐节考虑的话）这几本书中的每一本在难度上都是逐步增强的；《游戏、上帝与赌博》（David 1962）是这几本书中最容易掌握的，不过另外两本书在学术品质上会更高一些。

第三章　逻辑解释

概率的逻辑解释是经济学家凯恩斯于1921年引入的，其背 19
后的基本思想是：命题（或者陈述）之间存在的是逻辑关系，而不是衍推（entailment）关系。为了搞清楚这个思想是什么意思，让我们首先来看一下我们是怎样根据概率的形式去定义衍推关系的。为了达到这个目的，我们需要使用**条件**概率，即 $\mathrm{P}(p, q)$ 或者 $\mathrm{P}(p|q)$（这是通行的关于同一件事情的两种不同的写法）。粗略地讲，$\mathrm{P}(p, q)$ 表示的是给定 q 的情况下 p 的概率。更精确的解释我会在下面给出，它表示的是，在假设 q 为真的情况下 p 的概率。

一、条件概率简介

举个例子有助于我们理解什么是条件概率。设想我现在跟你打个双倍返还的赌（意思是：你给我一定数量的钱，如果打赌你赢了，那么我会双倍还给你）：你不会读完这本书的所有章节。同时设想，如果你接受了我的提议，那么你必须拿出的赌资（你的“赌注”）总额要足够去做某件有意思的事情，例如在外面消遣一个美妙的夜晚，但只有一个，不会有更多。（因此，如果你
20 获胜，你就可以有两个在外面消遣的美妙夜晚，而不是只有一个。）你也许并不想打这个赌，因为你不能确定你会读完全部的章节。而且，只是为了多消遣一个美妙的夜晚而承诺读完全部章节，也不值得。

然而，现在设想我跟你打了另外一个不同的赌。这个赌和其他赌类似，但在如下意义上它是**有条件的**：你一直读到了最后一章的倒数第二页。我的意思是，只有“你已经读到了本书最后一章的倒数第二页”为真时，这个赌才是有效的。如果这一点从来不会成真，那么你的钱会毫无损失。（人们有时会说，这个赌“取消了”。）但如果这一点变成真的，这个赌就继续生效。这时候，你就要把你的赌资给我了。如果你读到了最后一章最后一页，你将获得你的赌资双倍的赌金。如果你没有做到，你将失去你的赌本。我猜这个赌对你似乎更有吸引力。你也许会认为，如果你知道你已经打了这个赌，这就会鼓励你多读一页书即可。（然而我不得不遗憾地告诉你，我不会**真的**跟你打这个赌！）

现在令“p”为“你将读到这本书的每一页”，“q”为“你已经把这本书读到了最后一章的倒数第二页”。在上面讨论的第一种情况下，你对 $\mathrm{P}(p)$ 的估算——一个**非条件**概率——将影响到你是否会去打这个赌。然而在第二种情况下，管用的却是你对 $\mathrm{P}(p, q)$ 的估算。（实际上，在我们稍后将会回到的一个主题上，

我们可能会认为，你考虑到的这两个概率都是条件概率。在第一种情况下，你掌握了自己提出的一些背景假定，其中一些最终可能会被证明是假的；例如，你也许期望这本书后面的章节跟第一章一样，读起来让人感到舒适。让我们把所有这些背景假定表示为 b。于是，我们可以说，第一种情况下，你**实际**考虑的是 P(p，b)。在你继续往下读之前，你也可能愿意考虑一下你在第二种情况下实际考虑的事情是什么。)

二、什么是逻辑概率？

现在让我们来考虑如何用概率表达逻辑衍推关系。设想 q 衍 21
推 p(并且 p 和 q 都不是逻辑矛盾)。P(p，q) 的值会是什么呢？如果我们根据逻辑可能性（或者逻辑必然性）考虑衍推的话，答案就会变得显而易见了。说 q 衍推 p，不过就是说，当 q 为真时，P(在逻辑上) 不可能为假。由于对任意给定命题来说只有两个可能的值，即真和假，所以我们可以得出结论说，P(p，q) 等于 1。

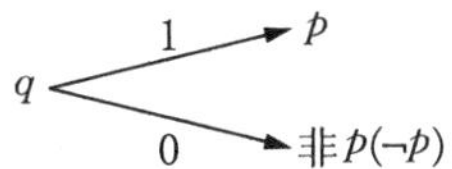

图 3.1　当 q 衍推 p 时，在 q 为真的逻辑上可能的世界里 p 的结果

如果这样说还是不清楚，那就返回来考虑我们在讨论经典解释时用过的图。当考虑 P(p，q) 时，我们感兴趣的状态是 p[*]；q 是“给定的”。一般来说，p 有两个可能的值；在每一个逻辑上

* 原文此处是 q，有误，应为 p，在中译本中更正。——译者

可能的世界里，p 或者为真，或者为假。所以现在，在我们的图中，为了给紧贴箭头的地方填上一个值，我们可以这样问：在哪一部分逻辑上的可能世界里，（“给定的”）q 为真，但同时 p 为假？（一个逻辑上的可能世界就是一个在其中不违反逻辑规律的世界。）根据我们对衍推的定义，回答是没有。因此，0 必须紧贴着下边那个箭头，而且通过一个排除过程，必须紧贴着上边那个箭头。（一旦假定了 p 只能或者为真或者为假，“当 q 为真时，p 不可能为假”就等值于“当 q 为真时，p 必然为真”。）

同样的推理表明，根据概率的逻辑观点，当 q 与 p 相矛盾时，P(p，q）为 0。为了表明这一点，我们只需要注意，与 p 相矛盾与衍推出“非 p”（我把这写作 $\neg p$）意思是一样的。当 q 衍推出 $\neg p$ 时，P($\neg p$，q）等于 1，因此 P(p，q）必定为 0。简言之，如果在 q 为真的所有世界里 $\neg p$ 都为真，那么在 q 为真的所有世界里 p 就必定为假。

接下来自然要提出的一个问题是：“当 q 与是否 p 不相关时，P(p，q）等于多少？”令 p 代表“英格兰最高峰的高度是海拔
22 978 米”，而 q 代表“达瑞的眼睛是蓝色的”。尽管这两者都是真的，但（有理由认为）它们是完全不相关的；q 不是 p 的证据，p 也不是 q 的证据。现在让我们只考虑那些 q 在其中为真的可能世界。我们应该期望在大多数这样的世界里 p 为真吗？似乎并不是这样。我们应该期望在大多数这样的世界里 p 为假吗？似乎也不是这样。因此，断定 P(p，q）等于二分之一似乎是公平的。这是剩下的唯一选择了。（一般来说，当 p 独立于 q 时，P(p，q）就等于 P(p），你会在附录 A 中看到这一点。因此，当 p 与 q 相互独立时，在 P(p）等于二分之一的条件下，P(p，q）只能等于

二分之一。下一部分，我们将讨论如何去表示像 P(p) 这样的无条件概率。)

还有哪些情况需要考虑呢？用卡尔纳普（Carnap 1950）引入的术语说，还有就是“**q 部分衍推 p**”的情况。如果 q 部分地衍推出 p 的程度大于衍推出¬p，那么 P(p，q) 将大于二分之一且小于 1。如果 q 部分地衍推出¬p 的程度大于衍推出 p，那么 P(p，q) 将小于二分之一且大于 0。请记住，无论在哪种情况下，P(¬p，q) 都将等于 1 − P(p，q)。或者换种说法，P(¬p，q) + P(p，q) = 1，因为 p 与非 p 当中必定有一个是真的。

我这里给出一个例子，其中 P(p，q) 显然远大于二分之一：

q: 1000 名性亢奋患者每天服用一颗 A 型药丸，服用一年。在这一年中，这些人中没有怀孕的。

p: 在每天服用一颗 A 型药丸的一段时间内，玛丽将不会怀孕。

第一条信息 q 似乎表明，A 型药丸是避孕药；而且，我们可以想象从对这种药丸的一种医学试验中获得这样的信息。(设想我们已经排除了那些由于某次忘记服药而导致怀孕的人。）然而注意到下面这一点是重要的：q 并没有说到任何关于医学试验的事情，而新的信息可能会出现，它会表明 p 是可疑的。例如，设想你发现了下面这个情况：

r: q 中说到的患者都是男性。

现在似乎就没有任何证据可以证明p或者反对p了。一个名叫阿钦
23 斯坦（Peter Achinstein 1995）的科学哲学家提出了一个更加激进的想法。他认为，r的发现将向我们表明，P（p，q）并不像我们开始所认为的那样远大于二分之一。在他看来，q在多大程度上是p的证据，根本就不是**逻辑**上的事情。相反，q是否支持p（或者是否支持$\neg p$）属于经验研究方面的问题。然而，逻辑观点的倡导者们自然的回应——或者至少是一开始的回应——是说，我们必须防止把P（p，$q\&r$）与P（p，q）给弄混了。P（p，$q\&r$）的值不一定能告诉我们P（p，q）的值是什么。一旦我们获得新的信息，我们就会认为，不同的条件概率与搞清楚p是否为真是相关的。情况就是这样。

三、逻辑解释下的条件与非条件概率

按照逻辑解释，如果认为概率本质上就是独立的或者无条件的，那基本上就没有什么意义了。因此，从字面上理解，说某个命题是可能的（probable）——例如“到 2020 年，中国**可能**是世界上最强大的经济力量”——没有任何意义。如果已经假定了概率表示的是衍推的不完全程度这个背后的思想，这并没有什么可奇怪的。和“p 被衍推出”的情况完全相同，当我们说“p 被部分衍推出”时，同样会引出一个问题：“被什么东西部分衍推出？”凯恩斯很简洁地表达了这个思想：

> 没有一个命题自身就是可能的或者是不可能的，正如没有一个地方本质上就是远的；同一个陈述的概率会因为所提出的证据的不同而发生改变，这好像就是其指称的来源。和说“b 等于”或者“b 大于”一样，说“b 是很可能的”同样也没有什么用……（Keynes 1921：6—7）

当根据逻辑概率进行思考时，我们必须因此留意究竟什么东西是被“给定”的，或者位于所讨论的条件概率公式中逗号右侧的部分究竟要被理解成什么。有关一个事件，当某人（诚实地）说“我可能会来参加”（比如一次哲学研讨会）时，他通常是在相关个人背景信息的基础上才这样说的。如果后来他们说“我很可 24
能不能去参加”，那么正常情况下这是因为他们的背景信息发生了变化。他们可能获知了某些新的信息，例如他们生病了，或者在那时会可能有一场激情的约会。（激情的约会通常比哲学研讨会更好。相信我。）

然而，没有什么能够阻止我们用条件概率去定义非条件概率。例如，波普尔提出的一个窍门是，将 p 的非条件逻辑概率定义为 p 的以任意重言式 T 为条件的逻辑概率。（对那些不熟悉逻辑的人来说，重言式的例子是$\neg(p\&\neg p)$ 或者“p 与$\neg p$ 都为真并非实际情况”，以及 $p\vee\neg p$ 或者“要么 p 为真，要么$\neg p$ 为真”。它们分别被称为**“不矛盾律”**和**“排中律”**。它们在所有逻辑可能的世界里都是真的。）简言之，波普尔是说，$\mathrm{P}(p)$ 应该被理解为表示的是 $\mathrm{P}(p, T)$。就数学来说，不会有人反对把 $\mathrm{P}(p, T)$ 写成 $\mathrm{P}(p)$。

四、逻辑概率和信念

在继续进行我们的讨论之前，让我们暂停一下，考虑逻辑是如何与信念相关的。这样做是有价值的，因为有些人在谈论逻辑解释的时候，就好像它只和我们所相信的事情相关，尽管这是一种误导性的看法。凯恩斯在一个地方好像就犯了这个错，他写道：

> 假设我们的前提由任意命题的集合 b 构成，我们的结论由任意命题的集合 a 构成，如果对 b 的知识以程度 α 证成了对于 a 的合理的置信，我们就说在 a 与 b 之间存在一个程度为 α 的**概率关系**。（Keynes 1921：4）

这里的语言与前面谈论逻辑关系（例如衍推与部分衍推）时的语言大不相同。但实际上，正如凯恩斯后来所解释的，他只是说，逻辑关系旨在明确对我们来说，相信什么才是合理的：

> （“概率”）最根本的意义……指的是两个命题集之间的逻辑关系……从这个意义我们可以推出如下意义：**“可能”**（probable）这个词适用于合理置信度（the degrees of rational belief）。（Keynes 1921：11）

为了搞清楚这个基本思想是什么意思，让我们重新思考一下衍推关系。如果p衍推q，但我相信p和$\neg q$，根据凯恩斯的观点，我就拥有**不合理的**置信度。为什么呢？因为我没有认识到p为真而q为假是**不可能的**。

凯恩斯所说的“合理置信度”到底是什么呢？下一章我们将深入探讨这个问题。目前只把它看作“合理确信（confidence）的程度”。因此，如果你知道p，并且p衍推q，那么你对q有十足的信心（如果你考虑它）就是合理的；如果你对q有较低程度的信心，你就达不到合理的程度。同样，如果p以程度r部分衍推q，而且你知道p，那你就不应该以不同于r的程度对q有信心。这就是凯恩斯的观点。

然而我们也要注意到，有人可能会接受概率的逻辑解释，但**不同意**凯恩斯对合理置信度的说明。例如，你也许会认为相信某件你没有证据的事情（例如，如果会有实际上的好处）有时候是合理的。帕斯卡赌（Pascal’s wager）就是一个好例子。粗略地说，它的内容是这样的。如果你相信上帝，那么，如果上帝确实存在，你就会得到大大的好处（例如升入天堂）；而如果上帝并不存在，那你也不会失去什么。如果你不相信上帝，那么，如果上帝确实存在，你将遭受严重的惩罚（例如永世受罚）；而如果上帝不存在，那么你同样也不会得到什么。因此，你应该相信上帝。如果你刚好**能够**选择是否要去相信上帝——你不能选才是合理的——认真对待这种论证就是有价值的。（这个论证也许还有其他问题——例如，如果你相信上帝但上帝不存在，你可能就会失去什么东西。比如你可能会在教堂里白白花费很长时间，而这些时间如果用到其他地方，将会更好。但帕斯卡赌只是表明，在**有些**情形当中，信念可能因为纯实用层面的考虑才是合理的。）

换句不那么极端的话说，你也许会认为，凯恩斯有点太严格 26

了，置信度应该仅仅是**大约等于**部分衍推的程度或与此类似的东西。可能的处理方式还有很多，但我们无须过多纠缠。因为本章关注的是概率的逻辑解释，所以我们还是应该聚焦在这种解释所依赖的（所谓）逻辑关系上。

五、测量逻辑概率

至此我们已经谈到了概率的逻辑观点的基础知识，并确定了在某些具体环境下逻辑概率的值（例如当给出的是衍推关系的时候）。接下来的问题是，当给出的是部分衍推关系时，我们该如何计算逻辑概率的值。例如，回想上文涉及玛丽的场景。如果有的话，$\mathrm{P}(p, q)$ 的**精确**值应该是什么呢？

事实上，回答这个问题是非常困难的。因此，我们还是讨论一下怎样更一般性地处理测量问题。我们将谈到本章的男主人公，也就是凯恩斯给出的说明。他的这个说明已经被证明是一种最有影响力的说明，而且也是经过深思熟虑后给出的最具系统性说明。

凯恩斯的说明首先是给出了如下提议：我们能够基于直觉或者洞察而认识某些概率关系。在说这番话的时候，他心里的想法好像是，对于把握命题之间的关系来说，我们具有某种超感觉的能力或者官能。这乍听起来有点神秘。那就让我们通过一段简短的对话进一步研究一下吧。

学生乙：我并不认为我拥有这种能力！我深信我的全部知识

都来自经验……

学生甲：但可以肯定凯恩斯不是非要否认这一点吗？

达瑞：你能解释一下为什么你会这样认为吗？

学生甲：首先，说我们能够把握命题之间的关系，并不是说我们能够在不诉诸经验的情况下理解命题——也就是知道它们是什么意思，之所以这样说，是因为没有更好的表达。这里以“天 27
空是红色的”为例就很恰当。不诉诸经验，我们根本就无法理解它。

学生乙：很好，这好像是对的。这么说，在一定程度上，凯恩斯可能是一个经验主义者……

达瑞：至少在这个程度上，他就是一个经验主义者。

学生甲：为什么不再多说几句呢？让我们考虑一下非逻辑知识的基础。按照这种解释，洞察也许不会让我们知道像“刚刚我能看到一个红色的东西”这样一个相当基本的事实。这可能是一件经验上的事情。

达瑞：正确。因此，正如我相信凯恩斯所认为的那样，有人可能认为，我们是从一个你称之为“基本事实”，或者我称其为“观察陈述”的经验基础开始的，然后通过我们的理性洞察努力向前，直到更高级的知识。这就是一种把握理论和实际的“观察陈述”之间、理论与可能的“观察陈述”之间，甚至不同的（可能的或者现实的）“观察陈述”之间的关系的能力。

学生乙：你能举个例子吗？

学生甲：可以。一旦经验帮助我们领会到了“白色的”和“天鹅”的意思，我们就可以认识到，“存在一只非白色的天鹅”能够证伪“所有天鹅都是白色的”这个理论。但只有经验才能告诉我们“存在一只非白色的天鹅”是否为真，并因此告诉我们“所有天鹅都是白色的”是否为真。

达瑞：确实如此。这是一个相对来说没有争议的例子，因为其中包含衍推关系。凯恩斯只是认为，存在着包含部分衍推的类似情况。

事实上，凯恩斯写道：“假如一些命题的真，以及一些论证的有效性，不能被直接认识到，我们就可能不会取得任何进步。”（Keynes 1921：53，f.1）但他并不认为**所有的**概率关系都能被直接认识到。正好相反，他认为，我们常常需要去**计算**概率关系，而且可以使用特定的原则进行计算，也就是无差别原则（Principle of Indifference）。

按照凯恩斯的观点，这些判断对于正常的衍推关系同样是成立的。例如，我们可以很容易地发现，从“蒂姆是一只黑色的
28 兔子”可以衍推出“蒂姆是一只兔子”（或者更加形式化地表达为 $p\&q$ 衍推出 q）。但是，接着前述段落的引文，我们可以搞清楚其他这样的关系，方法是通过使用“逻辑证明的方法……这种方法能够让我们知道命题是真的，而这些完全超出了我们的直接洞察所能达到的范围”。例如，我们可能需要使用一个真值表来判定在更复杂的情况下是否可以给出一种衍推关系。

表 3.1　$p \oplus q$ 和 $\neg(p \leftrightarrow q)$ 的真值表

p	q	$p \oplus q$	$p \leftrightarrow q$	$\neg(p \leftrightarrow q)$
T	T	F	T	F
F	T	T	F	T
T	F	T	F	T
F	F	F	T	F

这里我可以给出一个例子。请思考“以下不是真的：p 当且仅当 q”是否衍推“或者 p 或者 q”。表 3.1 能让我们对此获得确定的答案。[如果你不熟悉逻辑术语，那么，这里有一个解释：“$\oplus$”在“或者……或者……”的一种不相容的意义上代表“或者”，其中“两者都……”的意思被排除了；“$\leftrightarrow$”代表“当且仅当”。于是，“$p \oplus q$”的意思是“或者 p 或者 q（但并非既 p 又 q）”；“$\neg(p\leftrightarrow q)$”的意思是“以下不为真：p 当且仅当 q”。] 每一行——水平走向的行——代表所有陈述的一个可能的真值集。这四行合在一起穷尽了所有的可能性。我们来考虑第一行，它表明，当 p 为真（T）且 q 为真（T）时，我们关心的两个命题——$p \oplus q$ 和 $\neg(p\leftrightarrow q)$——都为假（F）。然后我们再来考察 p 为假（F）且 q 为真（T）时的情境，如此等等。

从这个表我们可以看出，只要 $\neg(p\leftrightarrow q)$ 为真，$p \oplus q$ 就为真，反之亦然。(在第二行和第三行存在两种可能性，在这两行这两个都是真的。在其他两行这两个都不是真的。) 因此，事实上，这两个命题**相互**衍推。不仅如此，我们还可以看到，当其中一个为假时，另一个也为假。(事实上，它们每一栏的真值都是相同的。这表明，在所有可能情境当中它们都具有相同的值。) 因此，它们之间具有一种更强的关系；它们是**逻辑上等值的**，或者，它们说出了同样的事情。但是，如果没有逻辑学方面的训练，这些就远不是那么明显的。建构比如上所示更复杂的关系并不困难，如果不使用真值表或者其他某种证明方法，那么这些更加复杂的关系就算是逻辑学专家也无法认识到。下面就是这个例子的用 29
处：如果不完成一个证明，你就不可能识别出其中的衍推关系。因此，如果你发现细节方面难以理解，也不要发愁，那只是因为你还没学过逻辑学。

现在看来，我们不能使用上面这样的真值表去判定两个陈述之间成立的是哪种类型的部分衍推（如果有的话）。更准确地说，我们需要前面提到的那个特定的原则。凯恩斯对它描述如下：

> 无差别原则断言的是，如果没有已知的理由去断定几个候选者中的一个主题而不是另一个，那么，相对于这样的知识，就要断言这些候选者中的任意一个都具有相等的概率。因此，如果没有正面的根据去赋予不同的概率，那就要给每一个候选者一个相等的概率。（Keynes 1921：42）

设想我正准备在 1 到 10 之间选择一个整数。我选择 5 的概率是多少呢？在这里，你没有理由认为我会选择某个特定的数字，而不是其他数字。因此，根据无差别原则，你应该给每种可能的结果赋予相等的概率。因为总共有十种可能的结果，所以每一种的概率都将是十分之一。实际上，这比做一个标准的逻辑证明要容易得多。或者说，初看上去就是这样。(这个思路在直觉上也是合理的。我早就听说过聪明而且受过很高教育的人们，例如我的学术同行说出“我有四分之一的机会得到这份工作”这样的话，因为他已经进入了求职面试最终的四人候选名单。但事情真的就是这样吗?)

六、逻辑解释存在的问题

逻辑解释最严重的问题是我们在上文刚刚看到过的问题，也就是：我们如何才能确切地测量逻辑概率。如果我们不能像我们

定义的那样测量逻辑概率的话，我们可能就会怀疑它们究竟是否存在。尤其是，我们可能会怀疑在命题之间是否存在着程度不同 30
的部分衍推关系，或者在命题之间压根儿就不存在什么部分衍推关系。

这种解释存在的基本问题是，无差别原则并没有告诉我们该如何划分不同的可能性。在我学生时代发生的一件事很恰当地表明了这一点。（这是一个真实的故事。我“虚度”了自己的青少年时代！）那时候，我正参加一个关于熵与统计力学的讲座——我记得，演讲者的主题是无序的情境如何会比有序的情境更加可能——而我当时正在一个酒吧忙于对此大加夸耀。不知怎么的，我跟另外一个酒吧常客争论了起来，他是一个有钱的律师。最后，为了停止争论，我决定跟他打赌。我的提议是，我们抛掷 5 次硬币，如果结果是 2 次或者 3 次正面朝上，那么我将赢得 5 英镑，否则他将赢得 5 英镑——我提出的使用硬币的想法直接来自这次讲座。我同时还说，我们可以连续玩，直到一方想停止。他很急切地接受了这次赌约。一开始，他输了。但他确信我只是运气好，就这样接连玩了一个多小时（直到酒吧打烊）。最后，我赢了大约 60 英镑，一旁被逗乐的观众们让我请了好几杯饮料。这一晚上的“战果”挺不赖！律师到最后离开时，还是确信他只是运气不好，我对此不以为然，他说在下次见面时继续向我挑战。但是，我觉得继续这样玩有点不好意思，于是就礼貌地拒绝了。（在这件事情上，我唯一的损失是因为喝多了，第二天醒来有点儿头疼。）

这是怎么回事呢？简单的回答是，律师给凯恩斯称之为**可区分的**（divisible）结果赋予了相等的概率，而我却选择了**不可区**

分的结果。也就是说，律师的考虑如下：

5 次正面向上　可能性一
4 次正面向上　可能性二
3 次正面向上　可能性三
2 次正面向上　可能性四
1 次正面向上　可能性五
0 次正面向上　可能性六

因为律师给上面每一种可能性都赋予了相同的概率，即六分之一，因而他就会期待我多半会输掉。更具体地说，他认为在这 6
31 种可能性当中，我只有两次获胜的机会，因而在次数上只有三分之一的获胜可能。无疑，他期待着让他对面这个不知天高地厚的年轻人老老实实地待着！

然而从我的视角看，我完全有资格成为一个获胜者。这是因为：我考虑到了**不可区分的**结果，并且给它们指派了相等的概率。（至少在下面这样的情况下这些结果是不可区分的：如果每枚硬币或者正面朝上着地或者反面朝上着地，以至于像一枚硬币侧面着地这样的事件都会被忽略，我们就完全可以认为这次游戏完成了。这些都是隐含的规则。）说得更具体一点，我留意到了以上列出的每种可能性是通过**哪些方式**发生的。考虑下面这些情况，这里的 H 代表“正面”结果，而 T 代表“反面”结果，来看一下我是怎么想的：

HHHHH　5 次正面向上的结果有 1 种可能

HHHHT
HHHTH
HHTHH　4 次正面向上的结果有 5 种可能
HTHHH
THHHH

TTHHH
THTHH
THHTH
THHHT
HTTHH　3 次正面向上的结果有 10 种可能
HTHTH
HTHHT
HHTTH
HHTHT
HHHTT

与此相对称，你会发现，如果你想象把上面的每个 H 与 T 进行交换（反之亦然），那就分别有 10 种可能的结果对应着“2 次正面”，5 种可能的结果对应着“1 次正面”，仅有 1 种可能的结果对应着“0 次正面”。（在数学当中，像“2 次正面和 3 次反面”的结果被称为一个**组合**。“HHTTT”就是该组合的一种**排列**。简单讲，顺序对于排列很重要，但对于组合则却无关轻重。）因此 32
从我的视角看，在这个游戏中“2 次正面”或者“3 次正面”的概率是八分之五，而且所选的可能性也对我有利。我赢这么多钱这一事实表明我是正确的，尽管实际上我**可能**只是由于运气好。(事实上，假设律师对概率的理解是正确的，那就有可能计算出我成功的概率，为了做到这一点，我们需要知道我们究竟玩了几次游戏，每一次的结果是什么。没什么可奇怪的，因为喝了一些啤酒，所以我记不得了。）如果你遇见我而且想帮我进一步验证这一点，那么非常欢迎你和我一起玩这个游戏。当然，要为了钱！如果你的有钱朋友也想玩这个游戏，请把他们也带来一起玩。人越多越好。

凯恩斯一定会说，我是通过选择不可区分的结果而做了正确的事情。否则，我将处在一个悖论性情境当中，在其中无差别原则将会表明，在一个给定游戏当中，我获胜的概率同时具有两个不同的值：三分之一（律师计算的结果）和八分之五（我计算的结果)。你可能会认为我会通过表明律师的方法是正确的而我的方法是错误的，从而解决这个难题。然而，这样说的问题在于，在划分可能性上，经常存在不同的、不相容的、**可区分**的方法。假想我正准备买一只兔子，并且问你，我买到一只黑兔子的概率是多少。你可能会把“黑色的”和“非黑的”作为两种可能。或者你可能会把“黑色的”“棕色的”和“既非黑色又非棕色”作为三种可能，如此等等。在回答同一个问题的时候，运用无差别原则，你会得到不同的概率。

你也可能会试图得出结论说凯恩斯是正确的，因为我获胜了。但这是错误的。毕竟硬币（或者硬币抛掷过程）本来就可能是不公平的。或者，我只不过是（通过把无差别原则当作一种探试性工具）猜测到了**基于世界**的概率。(或许我会赢得像这样的无限序列游戏的八分之五)。简言之，也许我只是很幸运，从而

在这个特殊的情况下给这些可能性指派了相等的概率。如果我对
其他一些可能性也这样做，比如滚动一个被动了手脚的骰子，也 33
许就会是一个严重的错误。于是，我可能就会失败。

因此，诉诸不可区分性解决了如何划分可能性的问题了吗？显然没有，因为它并没有处理好涉及无限多可能性的情况，或者不存在任何唯一不可区分的可能性集合的情况。地平线悖论（the Horizon paradox）就恰到好处地表明了这一点。这个悖论是数学家约瑟夫·伯特兰德（Joseph Bertrand）早于凯恩斯提出其概率的逻辑观点大约三十年提出的几个这样的悖论之一。该悖论如下：

> 想象空间当中的任一平面，并称之为地平线。现在想象任选另一个与之相交的平面。这个平面与地平线相交所成的角小于 45 度的概率是多少？

（这个版本与伯特兰德的原始版本稍有不同：他说的是随意选择任意平面。然而，如果这样的话，就会留下无限多与地平线平行的平面，这恰恰会造成更多的迷惑，实际上，在他的计算中，显然就忽略了这些平面的存在。因此我使用了“相交的平面”。）设这个角为 θ。这个角必定会大于 0 度但小于或者等于 90 度。因此，我们可以把每个值都当作是等可能性来对待。但是，为什么不考虑 $\cos(\theta)$ 并把这个函数的每个值都看作是等可能的呢？让我们来考虑这个问题。

学生甲： 使用 θ 更自然，不是吗？

学生乙： 对你来说似乎是这样，但这难道不是恰恰因为你

（好吧，我们大家）碰巧学过数学吗？

学生甲：我认为这是一个好的观点；存在一种约定的成分。

达瑞：是的。实际上，伯特兰德也给出了一种使用 cos（θ）的论证；但我们并不真的需要过多讨论它……

学生甲：因为真正的担心在于：在所有，或者至少在多数情况下，是否存在自然的——我猜实际上是自然**而且**唯一的——测量方法？

达瑞：没错。

学生乙：昨天我读到了另外一个悖论——水/酒悖论。这个悖论是这样的。我们拥有某种液体。我们仅仅知道，这种液体完全是由水和酒组成的，而且其中一种成分的量最多是另一种成分
34 的三倍。那么，水和酒的比率小于或等于 2 的概率是多少呢？

学生甲：你的想法是这样吗：你可以考虑水对酒的比率或者酒对水的比率，两种考虑会让你得到不同的答案？

学生乙：是的！所以，哪个比率显得更自然呢？

学生甲：很好。的确没有哪一个显得更自然。

达瑞：的确是这样。但是，不久前我的确读到了杰夫·米克尔森的一篇文章（Jeff Mikkelson 2004），该文论证说，我们应该通过数量而不是比率考虑这个问题。他的基本想法是这样的：数量是首要的，而且数量决定比率。或者更确切地说：（a）数量的变化是比率变化的原由；（b）如果没有数量，也就没有比率。

学生乙：我不确信我理解了这一点。现在我们该怎样进行计算呢？

达瑞：米克尔森让我们去想象这两种成分并没有混合——就像原油和水那样，然后思考这个问题：如果我们把这种液体倒入

一个量筒里，两者的分界线将会落在哪里？

学生甲：我明白了。因此，无论我们所拥有的液体的量是多少，答案都是相同的。我们并不需要具体说明量筒上的刻度是多少！

达瑞：是的，这样做很聪明。

学生乙：但这是这个悖论唯一的解法吗？

达瑞：当然不是。基本上，米尔克森选择讨论的是这样一个变项，如果它是根据这两个比率定义的，它就会有相同的值。但这并不是唯一一个这样的变量。实际上有无穷多个。

学生乙：但或许，仅仅是或许，这是唯一**自然**的解法？

学生甲：老实说，我现在并不那么确信“自然的”到底是什么意思。我在这里这样假设：除了从物理学的观点讲得通之外，这是一个最简单的解决方案……

达瑞：即使这个方法是唯一自然的解法，仍有令人担心之处值得我们注意。问问你自己：如果米尔克森坚持该问题当中给出的信息，或者，如果他反过来考虑一个不同的、涉及在该问题中 35
通过**引入他的一些背景信息**而被问及的概率。或者换种说法，如果我们**只是**知道这种液体里有酒和水，服从所说的那种基于比率的限定条件，我们能解释清楚他的回答吗？

学生乙：严格地说，我猜我们不得不允许自己知道一些更多的事情，比如数学、逻辑等等？

达瑞：是的，是这样的。

学生甲：但是，这些和米尔克森所使用的全部物理信息差异是相当大的。

达瑞：那是绝对的。这种物理信息实际上看上去并**不是**这个问题的一部分。现在来看，如果我们同意像“酒”和“水”这样的词蕴含着“倾向”这层意思，也许我们就可以对米尔克森的观点有所推进；于是，知道某物是水，就是知道它在如此这般的语境下倾向于有如此这般的表现。

学生甲：好吧，但下面这个提法看起来的确有些不可思议：要想知道某种东西归入这样一个范畴，我就必须要知道它具有一长串的倾向。

达瑞：对。如果我们只看科学的表面价值，水就会具有我们在中世纪时代所不知道的倾向。但从这一点得出如下结论会是不可思议的：中世纪的人压根就不知道水是什么时候出现的。

学生甲：好。如此看来，米克尔森提出了一个与此问题无关的物理上的隐含假定，那就是：混合物的量就是将两种成分分离后每种成分各自所占据的量的和。

达瑞：被你发现了。（也许不是。这里可能存在某种互动）实际上，没有什么东西会阻止我们从根本上不使用量。我们可以用量之外的其他东西比如堆（mass）来解释“与……一样多”。

学生乙：那么，结果会是什么呢？

学生甲：我认为，关键在于，米克尔森是依据自己的理解提出这个场景的。而**在这个问题当中**没有什么东西表明我们应该根据他的理解而不是别的理解提出这一场景。

达瑞：我完全同意。等到第五章讨论客观贝叶斯主义的时候，我们再来谈这一点，客观贝叶斯主义可以被看作是逻辑解释的继承者。

36 最后，值得注意的是，尽管如此，无差别原则的一种否定形式仍然是合理的。正如凯恩斯所指出的："只要还有什么理据让我们对两个命题进行区分，这两个命题就不可能具有相等的可能性。"（Keynes 1921：51）不幸的是，只有这个否定规则，并不足以在任意给定场合说明这个值是（而非不是）什么。

七、部分衍推对比部分内容

在阐释逻辑概率的时候，我使用了部分衍推的思想；因此，如果 q 是 p 的证据，那么 q 就在某种程度上衍推 p。但是，还有另一种看待逻辑概率的方法，这种方法与此稍有不同。这就是根据内容来考虑逻辑概率。波普尔在某些时候就特别主张使用这种方法。

我们重新考虑一下演绎论证和衍推。人们经常说，如果 p 衍推 q，那就说明 q 的内容没有超出 p 的内容。如果非要给出一个恰当的例子，我们可以考虑一个论证，r 是结论，$p\&r$ 是前提。在这里，前提当中包含的信息要比结论中的信息多；在一个有效的论证中，结论中的信息至多能和前提中的一样多。"p，因此 p"就是这样一个例子。

但是，当我们考虑非演绎推理时，就会发现情况正好反过来。结论的内容总是比前提的内容多。考虑："99%的兔子是棕色的。蒂姆是一只兔子。因此，蒂姆是棕色的。"结论说出了一些关于蒂姆的事情，而前提中并没有提到这些事情，因此结论包含更多的内容。

然而，波普尔的想法是：前提"99%的兔子是棕色的，而蒂姆是一只兔子”在特定程度上包含了“蒂姆是棕色的”这一内容，我们可以把这理解成后者在给定前者的情况下的概率。事实上，当波普尔（Popper 1983：293）考虑一个结构相同的例子——“92％的人必有一死，苏格拉底是人，所以，苏格拉底必有一死”——时，他说这个概率就是（或者接近于）0.92。

37 我之所以谈到这部分内容，主要是为了保持论述上的完整。它显然不会对前面讨论的解决测量问题的内容产生什么影响。

推荐读物

大多数关于逻辑解释的文献属于高阶读物。然而，《概率的哲学理论》（Gillies 2000：第 3 章）提供了一个清楚的中级水平的导言。《概率论》（Keynes 1921）也具有高度的可读性。

第四章　主观解释

前一章我们谈到了下面这个思想：信念可能具有程度上的 38
区分。粗略地说，我们是这样理解这个思想的意思的：一个人可能会对有些事情更有信心，而对其他事情则不然。我相信我已经写了一本教科书。我也相信你会发现这本书里面有些内容很有意思。但是，相比我相信你（一个随机选择的读者）会发现这本书有些内容很有意思，我更加确信我已经写了一本教科书。因此，尽管这两者我都相信，但我对前者有一个比后者更高的置信度。而且，即使我们正在比较两件人们相信**并非**实际发生的事情时，这种差异仍然可能会存在。例如，我相信奥巴马总统在他剩余的任期之内将不会被刺杀。然而我更加强烈地相信 1 加 1 不等于 3。

主观解释背后的基本思想有两个稍有不同的版本，分别由布鲁诺·德·菲尼蒂（Bruno De Finetti 1937）和弗兰克·拉姆塞（Frank Ramsey 1926）各自独立提出，这个基本思想指的是：如果它们是合乎理性的，那么，我们的置信度就应该通过特定的方式加以限定，而这些方式碰巧和概率公理相对应。这乍看上去似乎会令人感到惊讶，但我们可以通过一种简约而优雅的方式，也就是通过考虑打赌的行为，对其进行论证。

一、荷兰赌与赌博行为

39 想象你和我打算一起打个赌，我们赌一赌某件事情会不会发生。这个赌可能是：你喜欢的球星或球队是否会在下一场比赛中获胜，或者是更微不足道的事，比如你们国家的什么地方明天会不会下雨。我们继而就一个赌注 S 达成一致，这个赌注就是能够换手的钱的最大量。

我将选择赌这个事件发生或者不发生。（注意，我在这里说“发生的事件”只是为了方便而已，它可以很容易地被翻译成“为真的陈述”。因此，我们可以把这个赌理解为涉及命题或者陈述。例如，赌曼联队会在下一场比赛中获胜，相当于赌“曼联队会在下一场比赛中获胜”这个陈述为真。）但是，在我做出选择之前，你打算挑选一个数字，一个赌商（betting quotient）b，并认为这个赌将按照如下方式进行：

1. 如果我赌该事件不发生，那么你将付给我 bS。如果该事件发生了，那么我将付给你 S。

2. 如果我赌该事件发生，那么你将付给我（$1-b$）S。如果该事件没有发生，那么我将付给你 S。

选择b是为了确定这个赌的“赔率”，赔率通常被表达为一个比值，即$b/$（$1-b$）。例如，将b的值选择为二分之一，就是说该事件具有“成败均等的赔率”；如果你赌赢了，你的赌本将会翻倍，否则你就会赔掉赌本。（你可能会注意到，如果你将b的值选择为1，那么，如果赔率按照上述方式定义的话，它也就没有值了。我们将会看到，这一点设置是刻意安排的。）

我们也想安排这样的场景，以便在你看来你给出的赔率是公平的，因此我们应该增加很多要求才是。首先，关于我是想赌该事件发生还是赌该事件不发生，你不会拥有任何信息。假如你拥有这样的信息，你就可能会按照（你所认为的）有利于自己的方式去设计赔率了。想象一下，假如你知道我将赌掷骰子的结果是五点，而你认为一个五点的机会是六分之一。这样，你可能会选 40
择一个赔率，比如成败均等的赔率（如上所述），让五点的机会看起来比六分之一大得多。然后，如果我胜了，我只会让我的钱翻倍，但你留住这笔钱的机会（chance）更大——事实上在你看来是六分之五。对你来说很好！对我来说很坏！要把这一点想清楚，只需想想如果我一直赌结果是五点，结果会怎么样。

一个更自然的、根本不涉及机会的例子也能表明这一点。假想你是一个卖汽车的。如果我告诉你我想买某个具体类型的一辆车，你会给我报一个价钱。如果我告诉你我想卖一辆相同类型的车，你就会给我报一个不同的（较低的）价钱。因此，为了从你那里探知到你**真正**认为一辆车值多少钱，也就是公平的价钱是多少，我应该拒绝透露我是想买还是想卖。我应该只是给出你关于这辆车的信息，然后再问价钱。当我们询问赔率而不是货币价值时，情况同样是这样。方法是：具体说明事件是什么，并询问公平的赔率，而不是说打赌事件发生还是不发生。

第二，S 应该是这样一个集合，它能让你觉得打这个赌是值得的。这里所说的“值得”，我的意思是，不会太高以至于你不愿失去它，也不至于太低以至于失去它你会不在乎。我猜对多数学生读者来说，5 到 20 美元之间的某个数字是适当的。100 美元太高了，1 美分又太低了。如果你害怕失去这笔钱，你可以选择不公平的赔率，以免自己损失太多。（如果你让 b 是二分之一，那么最多你可能会失去 S 的一半。对 b 的任何其他选择都会让你损失更多。）如果你不在乎失去这笔钱，那就说明你不在乎选择一个公平的赔率。不存在任何动机促使你这样去做。

我们可能还会补充其他的限定。例如，你不应该去控制（或者影响）这个打赌事件是否发生。因为假如那样的话，如果我赌它不发生，你就可能会想方设法让它发生（或者增加它发生的可能性），而如果我赌它发生，你就可能会想法让它不发生（或者增加它不发生的可能性）。另外，我们还应该确保这个赌会在未
41 来某个适当的时候结束，以便你不会变着法子把自己要拿出的钱最小化。如果你好好想想的话，你可能还会提出你认为重要的其他限定。但是，我们就不这么费事了。目前看来，我们要做的只是认识到这一点：当把这些细节搞清楚之后，安排这样一个打赌的场景会比它开始看上去的那样难得多。这个问题我们会回过头来再考虑。

好了。我们现在就拥有了我们的打赌场景。现在让我们来考虑你该如何——或者更重要一点，你**不应该**如何——给 b 赋值。开始，让我们想象你给 b 赋予了一个大于 1 的值。现在，如果我赌该事件不发生，那么，无论发生什么我都会赢钱。这叫作对你

打了一个**荷兰赌**（Dutch Book）。你将给我多于 S 的钱，而且最坏的情况下，我也只是不得不把 S 返还给你。因此我们可以得出结论说，b 不应该大于 1。（你可能难以理解如何解释不得不“支付”一个负值。直接的回答是，支付一个负的数量就意味着那个数量被**支付**；因此，说你会支付我 $-S$，就是说我将支付你 S。）

但是，如果你给 b 选择一个负值，那会怎么样呢？现在，我就只能通过赌这个事件发生而与你打一个荷兰赌。你将支付给我**多于** S 的钱，而如果该事件不发生，我就只是被迫把 S 返还给你。由此我们能够得出结论说，b 也不应该小于 0。总之，到目前为止我们可以知道，在这些情形之下，对一个明智的——或者我们可以称之为“合理的”——赌来说，$0 \leqslant b \leqslant 1$。

还有更多情况。现在想象，你完全确信你正在赌的事情将会发生。为了论证方便，假令这个赌是关于某件愚蠢的事情，比如“地球上的某地明天或者会下雨或者不会下雨”。（逻辑上这不可能是假的：在同一天不可能既下雨又不下雨。）考虑在我们已经明确给定的限定之下，你应该给 b 选择什么值。如果你选择一个 1 之外的其他值，那么所有需要我去做的事就是赌这件事情发生，而且我保证会赢。你将支付给我（$1-b$）S，这会是一个正数。我将永远不会返还给你，因为该事件不发生是不可能的。但另一方面，如果你选择了 1 这个值，那么，如果我赌该事件发生，你 42
不会付给我任何钱。于是你将会受到保护。于是我们可以得出结论说，当 b 涉及（我们可能称之为）“一个确定事件”时，b 就应该等于 1。（而且，如果 b 涉及一个陈述，那么当该陈述确定为真时，它就应该等于 1。）

尽管看上去这可能有点令人吃惊，但我们已经表明，b 应该满足两条概率公理。(即附录A中的公理。) 第一条公理说的是，任意概率都必须分布在0到1之间。第二条公理是说，确定的事件或者陈述的概率必须等于1。尽管为了做到这一点我们需要考虑一系列赌博，但我们将继续通过相同的形式推导剩下的概率公理。(如果你对完整细节感到好奇，可以去看《概率的哲学理论》中的讨论，参见Gillies 2000：59—65。)

二、荷兰赌论证存在的问题

表面看来，这个荷兰赌论证——置信度应该服从概率公理——是一个好的论证。一开始它让我们考虑我们所熟悉的情境，也就是打赌的场景，最后结束于一个令人感到意外的结果。但你可能会有一些挥之不去的疑虑。例如，我们已经注意到这样一个打赌的场景也许难以成为现实。

我们不应该对设想的现实性**过分**挑剔，因为理想化对于把理论与实践联系起来而言通常是必要的。在物理学中是这样，在哲学和社会科学中也是如此。存在着没有摩擦的表面、没有大小的分子、没有重量的物体，等等。然而，这样的理想化在物理学当中通常都是明显的，但在上面荷兰赌论证中却可能不是这样。因此，我们应该更慎重地考虑它所依赖的隐含假定。

你怎么看待你（赌博者）不掌握任何关于我（另一名赌博者）怎样去打赌的信息这一规定？由此可以推出你会给出一个公平的赌商 *b* 吗？尽管不掌握有效的证据，但你可能确实会预感到
43 我会这样去赌而不是那样去赌。而且，这个预感可能会引导你去

给 b 选择一个在你看来并不公平的值。在玩德州扑克时，有时候我就会产生这样的预感，而且只在我指望着无法判断留在玩家手里可见的纸牌和玩家数量的情况下，我才选择去赌。

但这不可能被认为是不合理的吗？如果你对一个事件是否发生没有掌握任何信息，对于该事件是否发生你就不应该保持中立，并给每种可能性（即发生和不发生）各指派一个二分之一的置信度（或者概率）吗？我担心，概率的**主观**观点的提倡者不想这样说。这看上去就像是无差别原则的一种应用，而在上一章讨论逻辑解释时我们已经批评了这个原则。

主观解释的提倡者想说的是，只要你关于我会怎样打赌的置信度满足概率公理，它们就是合理的。换句话说，只要下面的（a）和（b）的和为 1，你就是合理的：如果你假定（c）我会明确这样或者那样去赌，那么（a）就是你对我赌这个事件发生的置信度，（b）就是你对我赌这个事件不发生的置信度，大致如此。（有几个主观解释的提倡者也认为，任何人都不应该对一个非重言断定持有为 1 的置信度，或者对一个非矛盾断定持有为 0 的置信度，这里所谓重言式指的是根据定义以及 / 或者根据逻辑规则为真，所谓矛盾式指的是根据定义以及 / 或者根据逻辑规则为假。这种看法看上去是明智的；把那些和我们掌握的信息相容的可能性**完全**排除是不明智的，同样，把那些与我们掌握的信息相容的不可能性保留下来也是不明智的。另外补充这个要求，也就是（a）和（b）应该既不是 0 也不是 1，在这种情况下没什么用。）

那么，换一个要求，你必须认为我会同等可能地赌这样和赌那样，通过这种方法来修复这个场景，情况会怎么样呢？不幸的是，这好像也没什么用。这样做会让人怀疑我们能不能可靠地测量置信度。毕竟，我怎样判定你是不是**真的**会认为我会同等可能地赌这样和赌那样，很可能就是要求你这样赌或者那样赌。这样
44 的话，我们就处在了另一个打赌的场景当中。而且我会想确保你认为在**那个**场景当中我会同等可能地这样赌或那样赌。于是，我就需要另一项测试，涉及另一个打赌的场景。如此一直进行下去。这显然是没有希望的。

避免这个问题最自然的方法，就是去问你，你如何确信我会这样赌还是那样赌，不过这也没有什么用。你有充足的理由撒谎，因为你所说的话也许会影响到我会怎样去赌。（我们在前面提到过，你不应该试图去控制我们正在打赌的事件是否会发生。根据相似的推理方式，你也不能试图去控制或影响我会如何去赌。）而且，即使你不打算撒谎，你也可能还是不知道正确答案是什么。为什么呢？正如拉姆塞所指出的，不论你对一件事有多么强烈的感觉，也不一定能说明你会这样强烈地相信它：

> 假设置信度就是某个其拥有者可以觉察到的东西；例如，各个信念在与其相伴随的感觉的强度上是不同的，这可能被称为信念—感觉，或者确信的感觉，所谓的置信度，我们指的就是这种感觉的强度。这种观点会非常不方便，因为要想给感觉的强度赋值并不是一件容易的事；但是，除此之外，这一点对我来说明显就是错误的，因为对我们坚定持有的信念来说，经常根本就不会伴有什么感觉；没有人会强烈地感觉到他认为理所应当的事情。（Ramsey 1926：169）

一个自然的回答是：我们**必须**知道，我们单独通过内省——通过感觉——就会相信某件事情。但拉姆塞并不否认这一点。他只是否认我们能够通过内省确定这些信念的**程度**。他的观点是，“在许多情况下……我们对我们的信念强度的判断实际上是关于在一个假想的情形下我们应该如何去行动的判断”（Ramsey 1926：171）。但这并不是说这些判断通常会是正确的。假如它们是正确的，打赌的场景也就没有必要了。

稍后在下一部分，我们将重新回到置信度的测量这个主题上来。但事先我们需要注意的是，还有一些针对荷兰赌论证的深入批评，它们是以你（打赌者）关于我（另一个打赌者）会怎样去 45
做的想法作为基础的。例如，如果你并不认为我会利用这个机会占你便宜，那么冒一冒被人打荷兰赌的风险或许是值得的？你可能认为我没有这个能力，也就是说不可能发现你的错误。而且如果你允许被打荷兰赌这种**可能性**存在，那么在不利用这个可能性的事件当中，也许你会赢更多。

换种说法，你可能会认为，我关于该事件是否可能发生的观点，将以来自你的不同信息作为基础（因为你拥有某些我不可能知道的信息）。这种观点与我们上面所考虑的略有不同，我上面考虑的是你不掌握任何有关我会怎样去赌的信息。我们来考虑下面这个情境。你不掌握任何有关我打算怎样去赌的信息，但你非常确信，关于这个事件是否会发生，我不知道你会做些什么。事实上，正是基于你知道我并不掌握的信息，你非常确信这个事件将会发生。展开你的想象吧。你知道一场比赛是被操纵好的，而且有一匹特定的马将会在比赛中获胜。但你也知道，只有你和你亲密的（守口如瓶的）、操纵这场比赛的朋友才掌握这条信息。你会给这匹将获胜的马指派一个（大约）为 1 的赌商吗？这样做的话，在我碰巧赌这匹马获胜的事件当中，你将会免受任何损失。但你认为，存在一种实际的可能，**只要不声明你是如此自信**，我将赌这匹马不会赢得比赛。（如果你确实展示了如此高度的自信，这有可能会导致我**怀疑**你知道这场比赛已经被操纵了，或者发生了某件相类似的事。）而且，也许你认为这是一个值得冒的风险。也许你想利用这个机会赢些钱。因此，尽管某个很不愿意**承担风险**的人会对这个“特定事件”选择一个为 1 的赌商，以便确保她自己免受损失，但另一个理性的、不太愿意承担风险的人（在适当的情境之下）却不会这样做。

我们可以把上面所有这些批评归拢到一起，因为我们可能会注意到它们具有共同的原因。这就是两个（或多个）玩家的赌博场景中的**博弈**方面。简言之，就上面给出的形式看，荷兰赌论证的问题在于，把一场博弈玩好需要运用策略。你必须考虑你的对
46 手会做什么。在你实际在想什么这个问题上，你可能希望去误导你的对手，这样做是希望影响他怎样去做，以便对你有利。

三、测量与“置信度”

但是，能够**测量**置信度真的很重要吗？置信度的思想在直觉上难道没有道理吗？另外，前面对使用赌博去测量置信度的批评不正是**依赖于**确实存在置信度这个思想吗？例如，我们不是提出了这个想法吗：**由于**其他置信度的存在，例如关于这样做是否会是一个好的策略的置信度，你可能不愿透露你对某件尚未产生结

果的事情的置信度？

这些都是合理的想法。然而，它们对这个荷兰赌论证来说具有一些否定性的推论。尽管它表明你的赌商应该服从于概率公理，但它们也将与概率的主观解释所涉及的置信度区分开。因此，这并没有表明让某人的置信度服从概率公理有多么重要。

但是，或许这个结论给出了一种根本不同的方法。如果我们**忘记了**任何心智意义上的置信度，又会是什么样的情况？如果我们只是把置信度**理解为**赌商，情况又会是怎么样呢？事实上，德·菲尼蒂在有些早期成果中就提倡这个观点，我们可以把这个观点称为置信度的打赌解释。这种解释的一个简单版本是：给定一个实际的打赌场景，我们应该把置信度看成是实际的赌商。

很快我们就会看到这个观点错在了哪里。然而在此之前，我们需要理解的是，存在着独立于荷兰赌论证而且更加深刻的原因，正是因为这个原因，导致德·菲尼蒂认为置信度可以测量是至关重要的：

> 为了给一个概念提供一个有效的意义，而不仅仅是在形而上学的用词意义上给出这么一个表象，一种操作性定义就
> 是必需的。我们所说的是一个定义，它以一种允许我们对其 47
> 进行测量的标准为基础。（De Finetti 1990：76）

在这段话中，德·菲尼蒂提倡一种**操作主义**。这在20世纪早期非常流行，尤其是在那些有更多自然科学倾向的人当中非常流行。原因很容易看出来。操作主义背后的思想是，我们应该能精确理解我们所使用的概念，而这种精确的理解所依据的是在日常

的行动与经验世界中所进行的测量。否则，我们怎么可能真正断言理解了这些概念呢？用物理学家布里奇曼的话说，“我们所说的任意概念的意思无非都是一个操作集；这个概念就是相应的操作集的同义词”（Percy Bridgman 1927：5）。

很不幸，这只是一个偏执的教条。就让我们来考虑一些我们所拥有的最简单的概念吧，例如“一”和“红色的”。先拿“一”来说。你能想象出和这个概念同义的操作集吗？如果你和我一样不能，你大概就不能明确地理解这个概念是什么意思。但是，或许你仍然可以通过某种内在的方式理解这个概念？只不过在这种情况下，你似乎并不需要一个明确的定义。（如果你仔细思考，你就会认识到，你不能定义你所使用的大多数词。）认为你（和我）并不理解“一”是什么意思，或者说我们对它只有部分的理解，看起来并不合理。

你也许会认为我们没有尽足够的努力去定义“一”？我们这里就有一个标准的操作，在其中它就是重要的（儿童也许就是根据它才学会了这个概念）：数数。但如果不使用数的思想、或者其他具体的数，那就很难根据数数的方式提出一个规整的定义。例如，我们可以说，“一”是按顺序数数时总在“二”之前被数的那个。但这又依赖于另一个数——“二”。于是，当你去数你面前的数字普型（type）的某些殊型（token）* 时，能不能说“一”所说的是：当它是你所说的最后一个数字时，在你面前你所拥有的一个普型的殊型的某些事情？这个想法似乎太过含糊。这里所说的毕竟是某件关于殊型**数字**的事情。因此，我们似乎并

* 普型和殊型作为一个范畴对偶，是由皮尔士最先引入的。皮尔士将之视为哲学上的一般和个别范畴在语言符号学上的一种特殊表现。所谓语句普型就是指一个完全合乎语法的语句，殊型是指该普型的一次实际的具体出现。——译者

没有搞清楚这里究竟有哪些操作是相关的。(事实上，在哲学上给出定义一般来说是一个极其复杂的过程。)

也许专挑“一”进行举例说明有点不公平，因为一个操作 48
主义者可能会认为其中存在明显的数学操作，而数学是一个并不以**物理**操作为基础的定义系统。这样的话，就让我们来考虑一下“红色的”是什么情况吧。我们根据什么样的操作来定义它呢？也许是对事物进行观察吗？这是一个好的开始，但我们实际上需要某种比较型操作。最终，这是因为，要想检测某个东西是不是红色，我需要把它和其他红色的东西（或者我记忆当中其他红色的东西）进行比较。但是，红色自然是有深浅的；而我们就是通过它们的相似性来看它们能不能算作相同的颜色。于是，如果有的话，什么才能算是确定的“红色的东西”，而我们的操作正是以此作为基础的呢？如果认为事实上存在着这样一个单个的东西，好像有些癫狂。那么，这种操作是什么呢？这里，我们掌握了我们所拥有的最简单的一个概念，而我们有些搞不清楚，怎样才能让它变得清晰明确。这好像也是含糊不清的。考虑一下我们沿着一个光谱去查看红色和橙色的边界在哪里。将会存在这样一个点，在那里你并不确定其中的颜色应该算作红色还是应该算作橙色。因此，即便存在某种确定的“红色的事物”，考虑它也并不总会有用。

我们已经看到，尽管操作主义是出于值得称道的原因被引入的，但它也是一个很成问题的学说。现在就让我们来看一看，在讨论置信度的语境当中它是怎样发挥功能的。回忆一下德·菲尼蒂的观点：置信度和赌商紧密相关，以及这个观点的简单版本，即置信度**实际上**就是赌商。现在考虑一个强烈厌恶赌博的人——

也许这是因为她的妈妈是一个贪婪的赌徒，在赌桌上输光了家里所有的钱——而且她从来都拒绝赌博。难道她就没有任何置信度吗？我们不得不给出一个肯定的回答。但是，如果这种情况就是以我们对信念是什么的日常理解为基础的，这种观点就违反了我们对置信度是什么的直观理解。

事实上，更令人感到相当意外的是，德·菲尼蒂承认这种抱怨也具有某种正当性，为此他写道：

> 这种标准，也就是让我们能够测量它的定义的那个操作
> 49 性部分，依赖于下面这种情况：通过对一个（可以观察到的）个体的判断检测他的看法（预见、概率），而这些看法又是不可直接观察到的。（De Finetti 1990：76）

现在的问题是，这里所说的和“概率”相关联的“看法”，似乎并不能通过操作的方式加以界定。因此，把置信度理解成实际的赌商，而不是理解成通过实际的赌商进行**测量**的看法，没有任何用处。

无论如何，至少还存在着一种情况，在其中有些看法是可以观察到的。通过内省我可以知道我的一些看法，你也可以通过这种方式知道你的看法。例如，我知道我自己认为同性婚姻在道德上是无可争议的。你也知道你自己是不是认同这件事。然而，正如我们在上一部分所看到的，这并不意味着通过内省我们就能知道我们的看法的**强度**。正如拉姆塞所说：

> 当我们力图知道更加坚定地相信和不太坚定地相信这

> 两者之间有什么区别的时候，我们可能就不再认为这种区别取决于拥有更多还是更少特定的可观察的感觉；至少我本人不能认识到有任何这样的感觉存在。对我来说，这种区别似乎在于，我们会根据这些信念去采取多么坚定的行动……（Ramsey 1926：170）

因此，拉姆塞的基本观点是，一个人的置信度就依赖他**倾向**于给出的赌商，不管这个人是不是必须要赌。让我回到前面谈到的同性婚姻问题上，进一步阐明这个观点。通过内省，我可以认识到，我发现这在道德上无可争议，但我并不确信我有多么强烈地（或错以为自己强烈地）相信它。我可能并不确切地知道，在受到质疑的时候，我会如何坚定地支持同性恋者在这方面的权利。[因此，尽管拉姆塞认为“置信度恰好类似于时间的间隔；它没有任何精确的意义，除非我们更加精确地详细指明它是如何被测量的”(Ramsey 1926：167)，但他并不支持操作主义。]

但是这指明了一种关键性的考虑，涉及从实际的赌商到倾向性赌商的转变。当受到质疑时我要如何回应，这不仅取决于我对同性婚姻的看法，还取决于我的其他看法，以及我的其他个人态度。假如我认为正在与我谈论关于同性婚姻问题的人是一个憎恶同性恋的凶徒，我过于强烈地反对他的话，他就会揍我，情况会 50
怎么样呢？假如我非常害怕挨揍，情况又会怎么样？（你可能也会回想起憎恶赌博的人的例子吧。我们真的想说这样一个人具有赌博的**倾向**吗？他至多只是具有假定式的倾向，也就是：**假如**他不憎恶赌博，他就会打赌。）

不可否认，这是一个极端的例子。我们对它的一个自然的回应是认为：如果我同意这个憎恶同性恋的凶徒的观点，那也不过是为了安抚他。因此，对于我的看法，我只是在**撒谎**而已。但即使在不那么极端的例子中，同种类型的担心仍然可能会存在。我的基本思想是：只要我们试图测量一个人的置信度，那就有可能导致改变它。但在我们探讨这一点之前，让我们来考虑这个问题：在完全不使用赌博场景的情况下，我们是不是还能对置信度进行测量。毕竟我们已经看到了，这些情况都是特别难处理的。

四、替换赌博场景以便测量置信度：评分规则

对赌博场景的博弈方面的担忧，最终导致德·菲尼蒂提出了一种新的测量置信度（或者正如我们已经看到的，对于他来说，定义“置信度”）的方法。拉姆塞年仅 26 岁时就去世了，所以基本上没有留下什么时间去改变他的想法。但是，考虑到他在这么年轻的时候就作出了那么有影响力的贡献，我们有相当的理由认为他完全可以这样做。（我鼓励你去查阅一下拉姆塞的资料，更多地了解他。他是一个富有魅力的人，在数学方面他是最优秀的学生——他是剑桥同年龄组中“高级数学荣誉学位考试优胜者”。顺便提一下，前面我们遇到的凯恩斯，在他同年龄组中只不过位列第 12 名。）

好了，这种用来测量置信度的不同的方法是什么呢？它的基本思想是，用（可以被认为是）只有一个人参与的、有固定评分规则的预测游戏去替换一个赌博场景。如果你做出了精准的预测，你将获得奖励。如果你做出了坏的预测，你将受到惩罚。于

是，这样就能激励你去进行精准的预测，同时避免做出坏的预 51
测。另外可以论证，在这场只有**一名参与者的游戏**当中，你应该选择那些满足概率公理的赌商，以免做出坏的预测。

为了把这个想法说清楚，让我们来考虑一个例子。想象一下，我们告诉一位气象学家，我们将根据这样一条评分规则付给她报酬：预测越准，报酬越高；坏的预测则会导致较低的报酬。于是，她的责任就是让自己做出最好的预测。也就是说，附带一些相对小的告诫：她应该会确信，她的预测是否为真将会得到可靠的测量；可能会有多少报酬对她来说很重要，如此等等。也容易看到，一旦选择了那些不遵守概率公理的赌商，将如何给她带来重大的损失。如果她预测了某件由于逻辑上的原因而不可能发生的事情，比如在同一时间同一地点既下雨又不下雨，那么她将**肯定**会损失钱财。

不可否认的是，现在我们对这个想法可能仍然还有一些怀疑。想象一下，这位气象学家做出了坏的预测，但同时她注意到自己的一个同事总是会做出许多更好的预测。如果可以的话，难道她不会去仿效一下这位同事的预测吗？可以。但如果这样的话，我们可以论证，学到她同事所做的预测将会**改变她自己关于未来天气的置信度**。因此，一个坚持认为应该用评分规则来测量置信度的人可能会说，她这是在报道**她的**置信度，但这也只是在她尽力让这些置信度更加精准之后才行。坚持这种看法的人可能还会补充说，使用评分规则并不仅仅是一种测量置信度的方法，它还是一种鼓励人们努力让他们的置信度变得“更好”的方法。(就目前来说，需要注意的是，让某人个人的概率变得“更好”的意思，可以理解为，对一个概率多元论者来说“更接近于实际的基于世界的概率”。下一章我们将会讨论这一点。）

除此之外，还存在这么一些情境，在其中人们根本就没有机会去仿效别人，或者找人寻求建议。因此，这种用评分规则测量置信度的方法似乎要比（两个参与者的）赌博的方法更好一些。
52 不过，绝对公平地来说，我们也应该承认，赌博的场景**有时候**的确能够准确地测量置信度。困难只在于搞清楚：它们什么时候能做到，什么时候做不到。

总而言之，关于测量，一个全面公正的观点是下面这样的。看法（或置信度）的强度是存在的，尽管我们发现我们很难准确地描绘它们的特征，但在恰当的情境下，却可以相当准确地进行测量。我们得到的测量结果有多好，这取决于我们所使用的工具。因此我们看到，拉姆塞关于置信度与时间间隔之间的类比为何至少在一定程度上是恰当的。没有人怀疑，关于某个事物持续多久（在一个特定的指称框架内）存在一个事实问题。但是我们可以或多或少准确地进行测量。一种很不准确的方法是只在被认为与秒相对应的间隙去数“一、二、……”。一种比较好的方法是使用普通的石英手表。再好一些的办法是使用数字秒表。如此等等，直到使用现有最好的原子时钟。但是在精度上总是会有局限的。

这种类比失效的地方在于，通常情况下我们不会让测量某个间隔去影响这个间隔实际上有多长，但是很多物理测量确实会打乱这种测量的目标系统。考虑使用一根简单的水银温度计去测量少量水的温度。为了让水银能够膨胀，热量必须从水里面传递过来。于是，当我们读温度计上的数字时，我们并不是在读我们把它插入水中那个时刻水的温度。原则上，这种差异有可能是很大的。在实际生活中，例如在做饭的时候，这种差异通常来说倒是没有那么大。

五、对概率的主观解释的反驳

到此为止，我们已经相当深入地探讨了概率的主观解释的基础，而且也考察了支持这种解释的一个核心论证，即荷兰赌论证，同时还考察了一个有望取得成功的替换方案（评分规则）。现在让我们转向对话的形式，来探讨一些针对主观解释的反驳。

学生甲： 我发现有些事情让人感到不可思议。我们真的拥有 53
如此精确的确信度——或者置信度什么的——以至于可以把它们用数字写出来吗？

达瑞： 很好的反驳。你能给我们举个例子来说明你这是什么意思吗？

学生甲： 当然可以。我们来想象一下，我正在选择一个与我的真实置信度紧密联系的赌商——你知道，这就是我关于某事是否会发生的真实看法。它可能就是：一匹马是否会赢得一场比赛。我们真的愿意相信它有一个精确的数值比如 0.51327834 吗？

达瑞： 你的意思是说：概率可以采取数学上所讲的无穷多个值，而我们的置信度却是更加“粗线条”的吗？

学生甲： 是的，“粗线条”是一种很好的表达方式。我觉得“量子化的”(quantized) 是另外一种表达方式。就像量子力学中能量上的差异那样，置信度之间的差异从量值上看也是十分微小的……

达瑞：好的。那就让我们来考虑一下结果会怎么样吧。我觉得下面这个设想是很有用的：一个女人，她正面对一个有着特定赔率的赌局，而且她正试图判定她是否认为这个赌是公平的……

学生乙：我明白了。你现在的想法是，我们能够想象，对于同一个赌局，两个庄家开出了高度相似、但并不相等的赔率……

学生甲：……而她——我指的是这个打赌的女人——是否一定会认为一个赌是公平的，而另一个赌却是不公平的呢？

达瑞：我看今天确实不需要我了！这种思想实验正是你需要的。为什么你不继续下去，解释一下这告诉了我们什么道理呢？

学生甲：我认为赔率上的不同对她来说可能并不重要。例如，她所面对的赌局的赔率可能是一百万比一和一百万零一比一。如果她打算打赌的话，即使她更喜欢其中一个赔率而非另一个，她也可能认为这两个赌都是**公平的**。

学生乙：我赞同这个说法。但也会存在这样一个点，在这一点上，这种不同对于这两者来说都太大了，以至于不能算作是公平，对吗？也许会是一百万比一和**九十万**比一的差别，或诸如此类的差别？

学生甲：是的。因此，我们可以把她的置信度理解为一种间隔。

54 **学生乙**：言之有理。

学生甲：但现在我想知道这个界限——你知道，就是明显公平的赌局与明显不公平的赌局之间的界限——是否总会那么清晰可辨。实际上，我们恰恰可以考虑一个赌局，它被提出来正是为了看到这一点。我们可以这样选择赔率，使得打赌者并不确定它们是不是公平。

达瑞：好，很好。因此，我们也许不得不捣鼓一点事情，以便改善一下主观解释。但在这里没有严重的问题。还有其他反对意见吗？

学生丙：我有。即使无差别原则的使用存在许多问题，我还是喜欢我们前面考察过的逻辑解释。为什么呢？它试图认真地讲清楚下面这个思想：即使一个论证是无效的，关于这个论证是否足够好，还是存在着一个客观事实的。但现在……

达瑞：抱歉打断一下，我想我知道接下来你想说什么了。我只是想铺垫一点背景。如果我弄错了，请阻止我。

学生丙：哈！哲学家们似乎总是喜欢插嘴。好，请说。

达瑞：好。我们首先来注意，很多人是通过概率来描述一些非演绎论证的，比如归纳论证。也就是说，不说有效性，而是用另一个概念去替代它，在给定前提的情况下，结论所具有的高概率让这个论证成为“好的”论证。

学生丙：我完全赞同。

达瑞：这样的话，就让我们假定，即使根据主观主义的观点，对任何人来说，如果 p 衍推 q，那么 $P(q, p)$ 就应该是 1。好吧，大概就是这样。这可能会更复杂一点；例如，有人可能会补充说，这个人将不得不认识到 p 衍推 q，因为由此可以推出 $P(q, p)$ 应该等于 1……但是，我们暂时还是不考虑关于这一点的细节。p 不衍推 q 时的情境却是不一样的。

学生丙：是的！假想 q 是“达瑞是一位哲学家”，而 p 是“火星上有生命存在”。无论如何，没有哪一个神志正常的人会认为这两个命题之间有什么关联。但根据主观主义解释，一个**理性**

的人可能会认为 P(p, q) 几乎等于 1。于是，他们会认为你是一
55 位哲学家这个事实，是火星有生命存在的强证据。也就是说，在没有其他相关假定的情况下。

学生乙：这太疯狂了。如果这样的话，除了演绎的情况之外，什么算作证据完全就是主观层面的问题吗？

学生丙：没错。

达瑞：这是一个标准的反对意见，而且是一个强有力的反对意见。但是，让我试试给它一个语境吧。我们的置信度难道不应该满足概率公理吗？也就是说，即使你认为存在着**一些**情境，其中还存在着其他理性要求？

学生丙：是的。

达瑞：好。这样的话，难道你不是在说主观解释运转得很好吗？你的反对不正是说它运转得并不足够好吗？

学生丙：我是这样认为的。

达瑞：好，我们很快就会看到，这一点可以通过给置信度补充更进一步的理性限定而得到明确……也就是说，我们可以要求：为了让它算作是合理的，置信度不能只是满足了概率的数学公理就行。

学生甲：我可以补充一些别的东西吗？

达瑞：当然可以。

学生甲：我发现主观解释相当吸引人。只是因为很多人认为许多相同的非演绎论证是好的，并不意味着存在深刻的原因说明它们为什么是好的。关于为什么他们会在这种事情上看法一致，可能会有相关的解释，文化上的乃至进化论上的，好的归纳论证在任何客观意义上都不存在。对于说清楚比如在科学中实际上发生了什么来说，主观解释是好的。科学家们对他们所**认定的**好的

证据做出回应，并致力于寻找相同的证据。

学生丙：好吧。但是，难道我们不愿意认为科学建立在一个比这更加可靠的基础之上吗？

学生甲：也许我们**想**这样。但这不足以让事情就是这样！

学生乙：这就是一个更好的论证。当科学掌握（大量）证据，而如果人们只是根据毫无依据的观点采取行动，那么，科学取得如此成功难道不是一个奇迹吗？

达瑞：这下你弄了一堆麻烦事！现在我们不可能希望去回答这 56
样一个复杂的问题。但我们已经进行过的讨论可以表明，对于我们怎样考虑科学如何运作以及科学为何会这样运作来说，我们对概率的理解是多么重要。我们将在最后一章重新回到这个话题上来。

总而言之，对主观解释主要的担忧在于，它所考虑的看法上的合理区分的范围太大了。或者换句话说，它似乎让拥有合理的置信度变得太容易了。我们在上面对话中已经提到，很快我们就会回来谈论这个问题。你只需等到下一章。

六、主观一元论与独立性

到此我们几乎完成了对主观解释的考察。但在转向考察下一种概率的解释之前，让我们考虑一下主观解释作为对概率的一种真正的解释是否能够独立存在。这样做是有价值的。德·菲尼蒂认为这也是可能的，他花了很多时间去说明怎样才能做到。但他成功了吗？

为了充分理解德·菲尼蒂的尝试，我们需要一些技术手段。

但是为了使事情始终保持简单，我想让你体会到他试图做些什么，以及他遇到了哪些主要的困难。让我们首先来看下面这个问题。“针对所有概率都是主观的这种观点的最好的反对意见是什么？”

对这个问题的回答是：通过使用数学概率进行精确预测的事件发生模式是存在的。赌场就是恰当的例子。为什么它们会如此成功？为什么赌场通常不会因为总会有赢走巨款的顾客而被迫关门呢？为什么这样的顾客会少得令人难以置信呢？

为了把这一点看得更清楚，让我们来考虑一下起源于法国的轮盘赌游戏。这个游戏是在一个轮子上玩的，轮子上有许多用数字和颜色标出的面积相同的分隔区域，如图 4.1 所示。这个轮子是旋转的。一个球沿着轮子边缘的轨道逆向滚动（例如，如果轮
57 子是顺时针旋转的，那么这个球就逆时针滚动）。获胜的赌注取决于这个球停留在哪个部分。

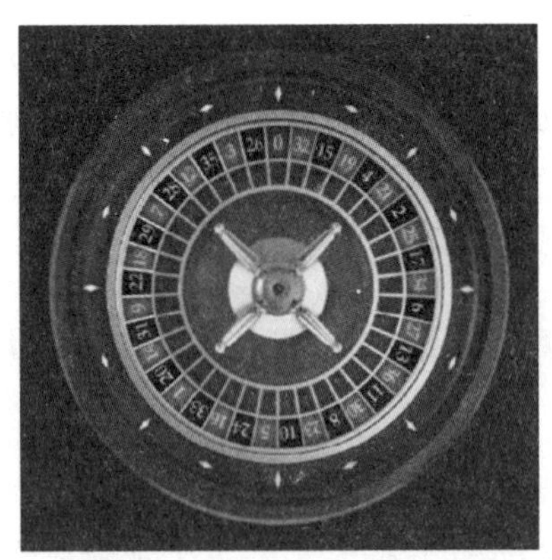

图 4.1　欧洲轮盘赌的轮子

首先，让我们考虑：如果你赌这个球会停留在一个具体的数字上，比如说 17，那会发生什么？赌场给出的赔率是 35 ：1，如果停留在一个特定数字上的概率是$\frac{1}{36}$，这就是公平的。但是这

里有 37 个数字。因此，如果停留在每个数字上的（基于世界的）概率相等，公平的赔率实际上就是 36 ∶ 1。（这里有零是有原因的。在美国，轮盘赌的轮子上有两个零区域，这样做是为了使赔率对赌场更有利。）

说明这个赌场之优势的另外一种方式是，想象你给每个数字都各自下了相同的赌注。其中一个赌将会获胜。但这并不能抵消你所蒙受的损失。例如，如果你给每个数字下的赌资是 1 美元，那么你将会收到全部赌资 37 美元当中的 36 美元。

你还可以这样考虑。这个球必定会停留在一个数字上（如果 58
这个赌最终完成的话）。因此，所有可能结果的概率之和应该是 1。但是，如果按照这个赌场所提供的赔率，给每个数字指派一个等于$\frac{1}{36}$的概率，这些概率的和就会**超过** 1。显然，某件可疑的事情正在发生。（赌场）所提供的“赔率”违反了概率公理。

但是，对于为什么赌场提供了这种赔率的赌局却仍然还会赢，德 · 菲尼蒂又说了些什么呢？他论证说，基于世界的概率只不过是一个由如下事实所导致的幻觉：许多人拥有相似的（或者相等的）置信度。因此，尽管对于我们来说轮盘赌似乎包含了这个世界上独立于我们的概率，但这只不过是因为对于一次给定的旋转或者是多次旋转产生的特定结果，我们拥有相似的信心而已。

然而，德 · 菲尼蒂并没有就此打住。他继续论证说，随着时间的推移，人们会遇到更多的证据，因而有望获得更多的共识。为了说明这一点，让我们想象，在一开始，关于我们抛出一枚全新的硬币之后会出现什么结果，我们的意见分歧严重。比如说，给定 P(H) 一个 0.9 的值，我高度确信它将会正面朝上；而如果给定 P(H) 等于 0.1，你将高度确信它的反面会朝上。德·菲尼蒂论证道，随着硬币不断被抛出，更多信息接踵而至，我们的主观概率——我们的合理置信度——将变得越来越接近。因此，如果正面朝上在多次抛掷过程中大概发生了一半的次数，那么我们最终将在中间值上相交，而且每一次都会让 P(H) 得到一个大约等于 0.5 的值。

如果我们为了保证合理而必须通过相同的方法让两者都被知道——也就是改变我们的看法，这个结果就确定能够得到。对于德·菲尼蒂来说，这种方法中有一部分就是贝叶斯更新。（完整的方法是**带有可交换初始概率的**贝叶斯更新；稍后我会解释可交换性是什么意思。）根据我的“让事情简单化”的策略，我并不打算给出作为其基础的贝叶斯定理。（但如果你想看一看的话，我在附录 B 中用一个经过加工的例子解释了贝叶斯定理。）搞清楚德·菲尼蒂的基本想法是一件容易的事。所有的**理性**人都会通过与下面这种相同的方式去改变他们的置信度。他们首先要谈到这个想法：在独立于任何有关一个事件的直接经验的情况下，这个事件（或者其他假说）有多大可能发生？但是随着的新证据
59 的不断出现，他们开始对新的条件概率产生兴趣。回到前面抛掷全新硬币的例子上，来看一下这个想法是什么意思。（如果你发现这里很难理解的话，请重读一遍前面对条件概率的讨论。）起初，当被问到这枚硬币是否正面朝上落地的时候，我所感兴趣的是 P(H，b)，这里的 b 表示我的背景信息。这被看作 H 的**先验概率**。后来，当我拥有了一些关于之前抛掷硬币的数据时，我会对 P(H，$b\&e$) 感兴趣，这里的 e 表示之前抛掷的数据。这被看作 H 的**后验概率**。

现在，贝叶斯定理提供了一种漂亮的方法，通过这种方法我们可以根据P(H，b）和另外一个值，也就是P(e，H&b)，算出P(H，b&e）的值。这就是H和b基于e的**可能性**（likelihood)。我们就是这样思考的。如果正面朝上发生的概率是0.9，那么，我们就不会期待着前20次抛掷这枚新硬币会得到反面朝上的结果了。因此，如果前20次抛掷所得结果是反面朝上（e)，那么，我们就将重新评估正面朝上发生的概率（假定我们让另一个背景信息b保持不变)。

然而，即使我们所有人都掌握了贝叶斯的方式，也不能由此得出，随着我们共有的证据的增加，我们就会逐步认同彼此的概率评估。德·菲尼蒂还要求我们的初始概率指派是**可交换的**。

想象一下，我正在考虑一枚硬币五次抛掷可能会出现什么样的结果。如果我认为无论它如何发生，n次正面朝上（或者等价地，5 − n次反面朝上）的概率都相同，那么我的概率指派就是可交换的。让我们考虑一次正面朝上的情况，它可以通过五种不同的方式发生：HTTTT，THTTT，TTHTT，TTTHT和TTTTH。如果德·菲尼蒂的看法是对的，我就应该认为P(HTTTT) = P(THTTT) = P(TTHTT) = P(TTTHT) = P(TTTTH)。如此等等。每个排列应该被赋予相等的概率。(前面第三章，在我和那位有钱的律师玩的抛硬币游戏的例子中，我们已经讨论过排列和组合了。)

然而，这个假定的问题在于，它太过局限了。为了弄明白这一点，想象一下你面前有一个盒子，盒子上有两盏灯，一盏是红色，一盏是绿色，这个盒子和一台计算机相连接。你知道其中一盏灯每隔几秒钟就会闪一下，但不知道是哪一盏。现在想象一下，当你观察的时候，你看得到的是如下情景（这里的 R 代表红色，而 G 代表绿色）：

60 RGRGRGRGRGRGRGRGRGRGRGR

大多数人都会得出结论，认为这里面存在着一种模式。事实上，接下来出现绿色结果的（基于世界的）概率是1，这是合理的，因为计算机的程序被设计成这样：闪烁一种光，然后紧接着闪烁另一种光。但如果我们坚持可交换性假定的话，在多次试验之后，我们就只能得出这个结论：在得到红灯结果之后出现绿灯的概率是二分之一。这是因为，绿色灯光的出现占了一半的次数。

因此，实际上，要求某人的个人概率指派具有可交换性，看起来像是（盲目地）假定了在目前考虑的情况下存在着独立的、基于世界的概率。回忆一下，两个事件（或命题），如果无论一个是否发生（或一个是否为真）都不影响另一个是否发生，这就说明这两者是相互独立的。抛掷硬币就是这样的情况。但交通指示灯（正是它启发我想到了上面的例子）却不是这样。实际上，现实生活中存在许多相互依赖的例子。例如，英格兰在任选的一天降雪的概率，就低于英格兰在另一个下雪天**之后**的一天下雪的概率。

这样看来，德·菲尼蒂没有能够成功地给出一个令人信服的论证，去说明所有概率都是主观的。为什么我们会认为它们无论如何都是主观的，其原因并不清楚。唯一一个明显的优点在于，我们能够通过相同的方式解释所有的概率陈述（而不用停下来考虑它们是怎样使用的）。但这至多只是便利性方面的考虑。

推荐读物

关于主观概率的一本优秀的中到高级教材是《主观概率》(Jeffrey 2004)。《概率的哲学理论》(Gillies 2000：第四章）提供了一个中级水平的概述。《真理与概率》(Ramsey 1926）是容易理解的（在一个中级层次上），而且值得反复去读；这篇文献重印于《概率的哲学》(Eagle 2011)，里面还有其他有用的高级水平的探讨——例如凯博格的探讨——此外还有编者所做的分析。《什么是置信度?》(Eriksson and Hájek 2007）提供了关于置信度的中到高级水平的讨论。

第五章　客观贝叶斯型解释

61 在第三章我们讨论了逻辑解释。这种解释具有这样一个吸引人的特征：每个（用数字表示的）概率都有一个唯一的值，这个值和命题之间（或者命题集之间）的一种关系相对应。然而它的缺陷在于，我们不清楚应该如何获得这些值。

然后在第四章，我们考察了主观解释，这种解释的优点在于这个吸引人的特征：对于我们如何测量概率说得很清楚（至少更加清楚）。然而它的不足之处在于，概率并不像通常那样具有唯一的值。因此，给定我们所能掌握的科学数据，并不存在关于相对性理论的客观概率。不存在任何独立于我们的事实问题。只存在关于相对性的若干个人的概率。但这看上去是反直觉的。

这样的话，要是把每种解释的优点都拿出来，努力打造关于概率的一种新解释，将会如何呢？这就是客观贝叶斯主义者［比如 Edwin Jaynes（1957）和 Jon Williamson（2010）］的目标所在了。他们把主观解释作为出发点，由此把概率和可测量的置信度联系起来。但是他们引入了新的要求，以便让可测量的置信度可以算作概率。简单地讲，客观贝叶斯主义者与主观主义者都**赞同这**一点：概率是合理的置信度。但关于什么样的置信度是合理的，他们的**意见并不一致**。相比于主观主义者的看法，客观贝叶 62
斯主义者认为需要多遵守几条规则。

一、对置信度的附加限定

让我们来考虑一组置信度。比如说，它们涉及掷一个规则的四面体骰子。(我之所以使用这个例子，是因为四个面的骰子并不像六个面的骰子那样常见——尽管在许多桌面角色扮演游戏当中经常会用到它们——而且因为有一点是重要的：除了下面我要详细说明的内容，我并不假定你拥有任何掷骰子的经验。)

图 5.1　一个四面体骰子［slpix］

在图 5.1 中我们可以看到，这个骰子以 4 落地。但当掷骰子的时候，关于这个骰子如何落地，我们何以可能确定合理置信度呢？威廉森（Williamson 2010）认为这些理性置信度应该服从三个限定：

1. **概率**（Probability）
2. **校准**（Calibration）
3. **含糊**（Equivocation）

让我们依次来解释这些概念。**概率**指的是，合理置信度应该满足概率公理。这与主观主义者所说无异。例如，如果我们假定掷这个骰子的时候必定会是其四个面中的某一个面落地，那么它以这四个面当中任意一个面落地的概率之和必须是 1：$P(1)+P(2)+P(3)+P(4)=1$。同理，这个骰子不以这四个面当中任意一个面落地的概率必须是 0：$P(\neg 1\&\neg 2\&\neg 3\&\neg 4)=0$。如此等等。这里没有任何让人感到奇怪的地方。

校准是一个新增的限定条件。它说的是，合理置信度也应该对所获得的其他相关信息保持敏感。尤其是，它们应该对所观察到的（相关）事件的频率，也就是有关基于世界的概率的证据保持敏感。于是，设想合理置信度按照如下信息是条件性的：到目前为止掷骰子所得为“1”的结果占全部结果的 40%。相应
63 地，$P(1)$ 就应该设定为：$P(1)=0.4$。其他可以把握到的经验信息，以及通过使用这些信息而得到检验的物理学理论，也可以被认为是相关的，尽管我们在这里**并没有**把这些包含在内。[例如，涉及掷出其他规则的凸多面体骰子的结果的证据——比如标准立方体以及图 5.2 中所描述的其他形状——也可以被考虑进去。

如果考虑物理上的对称性，那就可以表明，所有这样的骰子都是均匀的（当它们具有一致的密度，也就是没有什么偏重的时候）。因此，我们可以认为，任意给定的一个面落地的概率应该是 1/*n*，这里的 *n* 是所说的规则凸多面体的面的数目。]

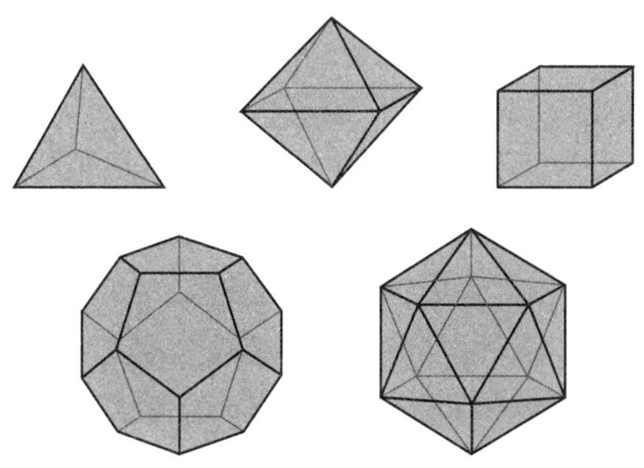

图 5.2　理想的正多面体［彼得·赫尔墨斯·福里安（Peter Hermes Furian）］

最后一个限定条件——**含糊**，用杰恩斯的话说就是："对于缺失的信息"我们应该"最大限度地不予明确"(Jaynes 1957：623)。从第三章对无差别原则的讨论中，我们对这个思想应该感到很熟悉了；回忆一下，正如凯恩斯所说，"如果没有正面的理由指派不相等的概率，那就应该把相等的概率指派给几个 64
参数当中的每一个"(Keynes 1921：42)。我们还是用正四面体的例子来说明问题吧。当进行**校准**的时候，基于所假定的经验信息会得到 P(1) = 0.4，但对于其余的可能性哪一个将会发生，却没有任何信息。因此，一个理性人应该对这些剩下的可能性**不予确认**，也就是给每一个都指派相同的概率：P(2) = P(3) = P(4) = 0.2。

二、行动中的客观贝叶斯主义：进一步的说明

在继续讨论之前，再给一个例子可能是有帮助的，它可以帮助我们说明以上这些限定是怎样用于计算概率的。设想一下，根据经验，你知道如下两个断言为真：$p \vee r$ 和 $q \oplus r$。（与前面第三章一样，我们用“$\oplus$”代表不相容意义上的“或者”，用新符
65 号“$\vee$”代表**相容**意义上的“或者”。这两种意义之间的区别很简单：$p \oplus q$ 为真，仅当 p 或者 q 中一个为真，而另一个为假；$p \vee q$ 为假，仅当 p 与 q 都为假。）对于断言 $p \oplus (q \oplus r)$，你的合理置信度——也就是你要指派的概率——是什么？

表 5.1 有助于回答上述问题，它表明了这些公式的真值是如何相互关联的。首先，从我们在第三章所用的真值表可知，其中的行表示的是逻辑可能性。因此，这八行合起来代表了 p、q 与 r（以及其他公式）的全部可能组合的值。但其中只有三行与回答这个问题相关，因为你知道 $p \vee r$ 与 $q \oplus r$ 只在这三行是真的，也就是第二行、第三行和第七行，我们已经用灰色标出。

表 5.1　$p \vee r$、$q \oplus r$、和 $p \oplus (q \oplus r)$ 的真值表

p	q	r	$p \vee r$	$q \oplus r$	$p \oplus (q \oplus r)$
T	T	T	T	F	T
T	T	F	T	T	F
T	F	T	T	T	F
T	F	F	T	F	T
F	T	T	T	F	F
F	T	F	F	T	T
F	F	T	T	T	T
F	F	F	F	F	F

按照这个思路思考。你想知道的是 $p \oplus (q \oplus r)$ 是否为真。你拥有的信息——$p \vee r$ 与 $q \oplus r$ 为真——能够帮你排除一些可能性。它告诉你，现实世界不是由第一、四、五、六或第八行来表示的。你可以把这看作一个在逻辑上发现地理位置的过程，而且可以把真值表看作一张地图。你的信息就如同一台简易的全球定位系统（GPS）装置。在这种情况下，它让你知道你处在三个逻辑位置当中的哪一个上面。如果你没有这些信息，那你就只能知道自己处在八个逻辑位置当中的某一个上面了。

你现在已经得到了校准。然而除此之外，你没有关于你处在哪个逻辑位置上的任何信息。因此，你必须对其余的可能性保持含糊（但必须遵守概率限定）。因此，你应该给每一种保留下 66
来的可能性指派相等的概率：P(第二行) = P(第三行) = P(第七行) = $\frac{1}{3}$。现在你只需要注意到，$p \oplus (q \oplus r)$ 为真仅当第七行对应着你所在的位置。(在第二行和第三行，它是假的。) 因此，P($p \oplus (q \oplus r)$，($p \vee r$) & ($q \oplus r$)) ——给定 $p \vee r$ 和 $q \oplus r$，你对 $p \oplus (q \oplus r)$ 所拥有的合理置信度——为三分之一。

对含糊标准的一个潜在的论证从这个例子中也会变得显而易见了。假定你发现自己处在三个逻辑位置当中的哪一个——那些与你的经验信息相容的（如表 5.1 中灰色部分所示）——是**随机**选择的。随着时间的流逝，如果你总是发现自己处在同一类情境当中，那么 $p \oplus (q \oplus r)$ 将会有三分之一的次数为真（其余次数则为假）。因此，诀窍就是：考虑这三种逻辑可能性的频率——而不是现实世界当中事件或事物发生的频率。对这个论证的主要担忧在于，初始假定——你发现你自己处在**随意**某个位置——是否正确。(毕竟不存在这样的**过程**，通过它你就会落入三个逻辑上可能的情境当中的某一个。没有什么魔鬼在和你玩游戏。但愿如此!)

三、客观贝叶斯主义是对概率的一种解释吗?

我们这就来看一看对客观贝叶斯主义提出的一些批评。我们也将探讨它和逻辑解释之间的关系，关于逻辑解释我们前面说的话不多。但在动手之前，我们应该先来讨论一个有可能产生混淆的地方。我们还是使用对话的形式吧。

学生甲：等等，我觉得有点儿乱。

达瑞：觉得哪里乱了?

学生甲：我们不是应该讨论**一种对概率的解释**吗?

达瑞：是啊。

学生甲：但是，客观贝叶斯主义似乎是对数字——合理置信
67 度——感兴趣，而这些数字不只是要满足概率的数学公理，它们也必须满足校准和含糊的标准。

达瑞：问得好。但是，一方面，很多组数字都满足概率公理，但我们却不想说它们就是概率。另一方面，凯恩斯甚至提出，有些概率关系是非数字性的，不过这一点我在前面还没有提到过。

学生甲：我只记得：我们一直忙着解释这个数学概念，现在也是忙这个……

达瑞：在第一章我的确是这么做的，不是吗？但你可以看一下后面的情况。客观贝叶斯主义观点的目标是要解决下面这个问题：这个数学概念应该如何在**多个**语境当中使用。

学生乙：让我试着说得直白一些吧。一个客观贝叶斯主义者可能会承认，一些**数学上的**概率应该只被解释为主观的？例如，一个认知主体所拥有的置信度只满足这一个对概率的限定，而不满足另外两个限定？

达瑞：是的，这是当然。

学生甲：好的。但我仍然怀疑，用“解释”(interpretation)来考虑问题还是会有些误导。

达瑞：这么说并不是没有道理。我们肯定不想在如何使用“概率”这个词的问题上陷入口舌之争！因此，如果你觉得合适的话，就不要用解释来考虑问题了。

学生甲：像这样考虑问题会怎么样呢？主观主义者与客观贝叶斯主义者之间的争论所涉及的是：在说明人们该如何进行推理这个问题上，概率的数学理论扮演了什么**角色**。

达瑞：听起来感觉不错。无论怎样，我们是在做概率的哲学。

总而言之，有一个选择是把概率的数学概念看作描述其他东西的一种手段，例如在数学被创造出来之前我们所拥有的关于概率的想法。换句话说，如果你想把“概率”作为数学概念，那你就可以认为我们是在探索应用这个数学概念的合法的方式。

四、对客观贝叶斯主义的反驳

68 现在我们可以考察几个针对客观贝叶斯主义提出的反对意见了。我们还是通过对话的形式吧。

学生甲：我对校准这个标准有点担忧。

达瑞：是吗？

学生甲：下面这种说法好像挺奇怪：一个强烈反对经验主义的人——这个人因此而相信被观察到的频率与形成有关将来会发生什么的判断并不相关——是不理性的，如果他没有注意被观察到的频率。你明白我的意思吗？

达瑞：这个观点挺有意思。这就好像没有注意到频率是不合理的一样！而且这是一件难以让人相信的事情。然而，我认为客观贝叶斯主义——至少是它的一些变体——**能够**允许人们掌握证据，以证明应该在特定情境内将频率忽略掉，并按照这一证据行事。

学生乙：也许我们也可以从外在观点看待“不合理的”？我们可以把“是不合理的”看作通过一种不可靠的方式进行推理，而不是看成并非内在一致或如此这般的东西……

学生甲：我是这样想的。但现在我担心，主观主义者和客观贝叶斯主义者从根本上说通过不同的方式理解“合理的”，两者甚至采纳了完全不同的认识论观点。

达瑞：这个想法很有见地。我相信他们观点上的有些分歧实际上是可以这样来解释的。

学生乙：有意思。我们继续讨论可以吗？

学生甲：没问题。

学生乙：我担忧的事稍有不同，但也是与此相关的。我担忧的是校准和含糊谁先谁后。

达瑞：这个听上去让人印象深刻！

学生乙：哈！这只是我的希望！总之这就是我的想法。还记得上一章结尾我们谈论的独立事件吗？也就是红灯和绿灯交替亮起的事。校准的标准好像是说，我们应该**假定**这些事件都是独立 69
的，除非我们有证据证明它们不能独立。

达瑞：你能举个例子吗？

学生乙：当然可以。如果你只知道“3”这个结果先前出现的概率是50%，此时我们考虑掷出一个六面体骰子所得到的结果的合理置信度。为什么你应该认为下一次掷出的结果是“3”的概率还是50%呢？

达瑞：你所说的事情相当微妙。你不得不同意，我们确实拥有一些关于这个骰子怎样着地的相关信息——也就是说，至少，如果我们假定未来和过去会在某些方面相似？

学生乙：是的。但我的担心是，我们是否应该按照**有关下一次掷出的结果**的信息采取行动？为什么我们不能按照如下形式进行推理呢？关于掷出骰子的结果是独立的还是不独立的，我们不掌握任何信息。因此，根据含糊标准，我应该给不独立性和独立性以相等的置信度，即都是二分之一……

达瑞：你的观点很有道理。客观贝叶斯主义者说的是，我们只有在校准之后才可以含糊。但是校准当中所包含的东西——当涉及被观察到的频率时——看起来好像违背了含糊的宗旨，因此削弱了对它的证成。对吗？

学生乙：对。在这个问题上，凯恩斯的逻辑观点似乎更加灵活。

达瑞：是的。但是，让我来补充一下吧。原则上，客观贝叶斯主义只会让“校准”更加含糊，而不会明确提到关于频率的**任何事情**——不过，我认为这将会导致客观贝叶斯主义的一个变体，它和我们所考虑的客观贝叶斯主义不一样。

学生丙：嗯嗯。既然现在含糊与凯恩斯都被提到了，我能再提出一个担忧吗？

学生乙：说吧。

学生丙：客观贝叶斯主义**真的**比逻辑解释好吗？首先，含糊“标准”难道实际上不正是另一个伪装的无差别原则吗？其次，
70 你说过，“校准”应该保持模糊。这难道不就是凯恩斯的逻辑解释的观点吗？

达瑞：这个就是我正在等待的反驳。

这样就产生了一个问题：客观贝叶斯主义是否像初看上去那样区别于逻辑解释？接下来我们就来讨论这个问题。

五、客观贝叶斯主义对比逻辑解释

学生甲：既然你认为客观贝叶斯主义与逻辑解释之间没有太大差别，那为什么还用了一章的篇幅来讨论它呢？

达瑞：我想你已经读过我的一篇文章了！你说得对，我并不认为两者之间有太大差别。但我之所以用一章的内容来探讨客观贝叶斯主义，有两个原因。首先，也许我是错的！其次，“客观贝叶斯主义”这个名称和概率哲学中一种很活跃的立场典型地相关；相对而言，几乎没有谁宣称自己正在从事“逻辑”观点的研究。

学生乙：好。但为什么你认为这两者之间没有太大差别呢？

达瑞：让我来论证一下，好吧？但首先请允许我承认它们两者之间存在一个真正的区别。逻辑解释最终关注的是命题之间客观的逻辑关系——部分衍推或者内容。而客观贝叶斯主义则直接关注了（合理的）置信度。但是，如果你认为合理置信度应该遵循逻辑关系（像凯恩斯那样），或者认为应该根据合理置信度去**界定**逻辑关系（就像威廉森那样），那么它们之间的联系也就清楚了。

学生甲：我明白了。但在我们接着讨论之前，下面这个观点是否可以辩护：坚持对概率进行逻辑解释，同时却**否认**合理置信度应该遵循逻辑关系？

达瑞：是的。考虑一下波普尔的研究。他论证说，普遍科学规律的逻辑概率相对于我们所能获得的任何证据来说为零。他的基本思想是：任意有限的证据都可以和无限多的理论相容；因 71
此，如果我们在这些理论上坚持含混，我们将不得不给它们每一个都赋予一个为零的概率。但是，这难道意味着相信热力学这样的普遍科学规律是不合理的吗？不一定吧。也许，在已知没有反对证据的情况下，即使没有证据也完全可以相信某件事物。要是出于实用的考虑呢？我希望你能明白我的意思。

学生甲：我明白。我想到了**帕斯卡赌**：相信上帝是有用的，因为这可以帮助你进入天堂，即使你没有上帝存在的任何证据。而你所说的话和一种“折中”观点是相容的，按照这种观点，合理置信度**有时候**应该遵循逻辑关系，但其他时候不应该——或者不需要遵循这些。

达瑞：完全正确。

学生乙：让我们回过头来谈一谈：为什么你**不**认为逻辑解释与客观贝叶斯主义解释不一样？或者说得更准确一些，为什么你不认为这两者之间存在其他重要的差异。

达瑞：为什么你不告诉我你何以认为它们是不同的呢？

学生乙：好吧。逻辑解释并不涉及校准这个标准。这样回答怎么样？

达瑞：实际上，这一点并不像它初看上去那么明显。为什么呢？有可能把校准标准理解为关于命题（其中也许包含着经验信息）之间逻辑关系的一条**规则**。再来看一下我们前面讨论中你所举的那个六面体骰子的例子。我们只知道“3”在先前掷出时出现过一半的次数，而且知道存在六种可能的结果。（当然，我们也知道一些数学知识。运用你的常识。）但是，也许这些命题与“下次掷出将会出现 3 这个结果”之间的逻辑关系是 0.5 吗？而且，校准也许只是一条涵盖类似情况的一般性规则？

学生乙：我明白你的意思了。也就是说，你可以相信校准同时也坚持逻辑观点吗？

达瑞：我是这样看的。你可能会这样论证：逻辑观点并不要求校准，增加校准的要求会导致逻辑解释的一个**特定**版本。但没
72 理由因为你认为校准恰当，便去拒斥逻辑解释。

学生乙：这样就清楚了。逻辑观点并不意味着校准是错误的，因此你不能通过表明校准是真的来表明逻辑观点是错误的。

达瑞：说得好。接下来该谁了？

学生丙：我本来想说，在凯恩斯的逻辑解释当中，没有提供明确测量置信度的方法。但现在我认为你的回答会是：他并没有通过赌博程序或者评分规则或者你所掌握的什么手段把对置信度的测量排除在外。因此，实际上凯恩斯完全可以坚持他在置信度的测量这个问题上自己想要的观点——也就是说，只要和逻辑关系不同就行。

达瑞：完全正确。

学生丙：于是，也许我们可以再来谈一谈这个问题：含糊标准是不是一种有别于无差别原则的东西？

达瑞：好，咱们就来试一试。事实上，客观贝叶斯主义使用的是这样一个原则，他们称之为“最大熵原则”。这是杰恩斯提出来的。

学生丙：那么，最大熵原则是怎么说的呢？

达瑞：熵是一个出自物理学的思想——杰恩斯是一位物理学家，但我并不想讲得太技术化。因此，我下面只是直接引用他的话，看他是怎样描述他如何会认为最大熵原则不同于无差别原则的：

> 最大熵原则可以被看作是不充足理由原则［“无差别原则”的另一个名称］的一个扩展（对它来说，一旦除了各种可能性的列举之外没有提供任何别的信息，最大熵原则就会被还原为不充足理由原则……），它们之间的主要差别在于：

> 最大熵的分布之所以能够被断定，乃是因为下面这个肯定性理由：它被唯一地确定为对于缺失的信息最大程度地不置可否，而不是因为下面这个否定性的理由：没有任何理由不去这样认为。（Jaynes 1957：623）

学生丙： 这话太絮叨了。

达瑞： 是的，还是让我们说得简单些。杰恩斯提出了两个关键论断：（A）如果人们已知的只有可能的结果，最大熵原则就被
73 还原为无差别原则；（B）有正当理由去应用最大熵原则——也就是说，它导致置信度具有最大限度的含糊性——也就是说，没有正当理由去应用无差别原则。

学生甲： 我们能先讨论这里的（B）吗？我知道我们当下的任务应该是反驳你，但对我来说这好像是错误的。我正在看凯恩斯给出的关于无差别原则的定义，你在第三章引用过他的话。他的话是这样说的：

> 无差别原则断言的是，在几个可选项当中，如果不存在已知的任何理由去断定某一个主题而不是另一个，这些可选项的每个断定就都有相等的概率。因此，如果缺乏指派不相等概率的肯定性理由，那么相等的概率必须指派给几个论证当中的每一个。（Keynes 1921：42）

达瑞： 谢谢你提出了这段话。

学生甲： 不客气。现在来看最后一句："如果缺乏指派不相等概率的肯定性理由，那么相等的概率必须被指派给几个论证当

中的每一个。”显然，凯恩斯和杰恩斯都赞同这一点，是吗？

达瑞：是的。

学生甲：另外，凯恩斯在对这个原则的陈述当中，并没有说是**因为**没有任何已知的理由不这样做，所以才应指派相等的概率。它只是说，在缺乏支持不这样做的已知理由的情况下，我们就应该指派相等的概率。

达瑞：又说对了。在这个陈述当中并没有出现“因为”这个词！

学生甲：因此，杰恩斯认为由于否定性理由而断定无差别原则是错误的。(B)是错误的。事实上，支持使用无差别原则的一个论证**恰恰**是这样的：当没有关于它是否如此的信息时，它就要避免预设某事物是真的（或是假的）。

达瑞：我想现在我应该问你对（A）有什么看法，因为你把我的这份工作做得太好了。

学生甲：它也是错误的。

达瑞：为什么呢？ 74

学生甲：非常简单。用凯恩斯的话说，当你不只枚举一种可能性时，你就会“缺乏肯定性理由去指派不相等的”概率。

达瑞：能举个例子吗？

学生甲：非常容易。我已经看到一枚硬币被抛掷了许多次，而且我知道出现“正面”朝上的结果和出现“背面”朝上的结果之比例大约为1 ∶ 1。现在我所知道的就不只是下次抛掷的可能结果了。但是，给“正面”和“背面”指派不相等的概率的根据还是不够的。由此可见，无差别原则给指派相等的概率提出了肯定性建议。

达瑞：我同意。

学生甲：这么说，杰恩斯的错误很严重吗？怎么会这样？

达瑞：我就直言不讳了。我认为尽管杰恩斯提到了凯恩斯，但他对凯恩斯思想的解读仍不够认真严谨。因此，他并没有对凯恩斯的思想给予应有的重视，也没有认识到自己在某种程度上只是做了无用功。我是这么看的。别人也许不同意我的看法。

学生丙：而且，这也就是哲学所做的一切！

达瑞：你把我要说的话给说出来了。

学生乙：好吧，我觉得你说得有点苛刻了。

达瑞：也许是吧。但即使我们认同无差别原则与最大熵原则不一样，又有什么能够阻止凯恩斯或者逻辑观点的其他追随者接受后者呢？凯恩斯**当然**不会否认关于含糊存在着肯定性的理由！

学生乙：好。

学生丙：抱歉，打断一下。但是，我现在能不能把我们的注意力重新引向我之前反驳客观贝叶斯主义时提出的问题呢？如果关于这两条原则的提议不存在任何实质区别，那么，它们肯定都会面对第三章中提到的“地平线”那样的悖论吗？也就是说，如果我们用不同的方式对可能性进行划分，那么，通过运用这两条原则我们就会得到不同的概率指派吗？

达瑞：我认为是这样的。实际上，杰恩斯花了很长时间去处
理这样的悖论。而我并不认为他是成功的。另一方面，威廉森恰
75 恰认为它们当中有些是不可解决的。他承认，在**有些**情境当中，
含糊处理会导致多于一种结果。即便如此，他仍然认为我们应该
坚持含糊标准。

学生丙：好的，谢谢你的解释。

达瑞：没问题。我们讨论的结果当然就是这样：在威廉森的客观贝叶斯版本当中，概率并不**总是**具有唯一的值。例如，在“地平线”的情况当中，我们不必为了成为理性的而要求必须存在着唯一的答案，**因为**我们可以通过不同的方式进行合法的含糊处理。

学生丙：我明白了。因此，相对于客观贝叶斯理论，或者至少是它的威廉森版本来说，这样的悖论对于逻辑解释更成问题，是吗？

达瑞：也许吧。但是，也许坚持一种逻辑观点，同时在这种情况下否认我们能把握到一种逻辑上的概率，这有可能吗？或者坚持认为进行计算非常困难或诸如此类的事情。

学生丙：这个问题引人深思。

六、从主观主义到客观贝叶斯主义：一个范围

通过以上的对话，有一点已经变得显而易见了：在主观解释与客观贝叶斯解释之间确实存在这一个解释的**范围**（Spectrum）。从主观论以及对合理置信度施加的概率限定开始，我们想再引入哪些我们喜欢的限定，原则上是自由的。例如，我们可以引入校准标准，但不引入含糊标准，反之亦然。而且，我们可以采取更加复杂的方法，例如约定限定语境（Context-specific）的标准。这里有一个例子。你可能会说，含糊只是面对有穷不可分选择时适用的一个标准——就像第三章提到的酒馆赌博场景当中，我赢了那么多钱。或者你也可以说一些略有不同的事情，比如你可以

说，含糊只是当你面对你**相信**是有穷而且不可分的选择时才适用的一个标准。可能性是无限的。选择在你自己。

76 **推荐读物**

清楚表达并捍卫客观贝叶斯主义最主要的高水平研究可以参阅 Jaynes（2003）和 Williamson（2010）；后者更容易把握，其中有些部分属于中级水平。《哲学与概率》(Childers 2013：第六章）对最大熵原则进行了详细的中级水平的讨论。《论概率的逻辑解释和“客观贝叶斯解释”之间的亲近性》(Rowbottom 2008) 在中到高级层面上考虑了逻辑解释和客观贝叶斯解释之间的关系。

第六章　群体层面的解释

到目前为止，我们遇到的哲学家们都赞同如下观点：个体人 77
拥有信念，而且他们也拥有置信度——或者说，对他们信念的确信程度。理性人的信念与置信度服从一套规则，而概率理论在具体说明这些规则时扮演了部分角色。

但是，难道群体就不能拥有信念了吗？显然是可以有的。使用“我们相信……”这种说法是很自然的。（上网搜一下就可以知道！）它通常出现在由群体（例如科研团队与政治团体）所做出的宣告当中。我们不是也期望群体拥有置信度吗？“我们强烈地相信”“我们极有信心”“我们确信”也都是自然的惯用语。而且，我们会很自然地认为，这样的惯用语可以用来表达**群体**对所做断言的（高的）确信度。

于是接下来我们就会怀疑：如果他们的置信度不遵守特定规则的话，那么群体也会和个体一样，被怀疑是不理性的。这促使我们考虑这个问题：正如存在个体层面的解释（例如主观解释和客观贝叶斯解释），概率是否存在群体层面的解释？

第一种群体层面的解释是主体间（intersubjective）解释，这种解释是由唐纳德·吉列斯（Donald Gillies 1991）提出的。让我们首先来考察一下这种解释背后的动机是什么。然后我们就可以转向考察其他的群体层面解释，这些观点是我最近提出来的（Rowbottom 2013b）。

一、群体荷兰赌

78 假想你是一名赌马者，你的目标是下一个组合赌，以便确保无论发生什么你都能获利。要想做到这一点，一种理想的方式是找到不同的下注人，他们会对同一个事件接受不同的投注赔率。为简单起见，让我们来考虑两个赌。你可以这样考虑：

如果 E 发生，下注人 A 将支付 R 作为对 S 的交换。
如果 E 不发生，下注人 B 将支付 U 作为对 T 的交换。
如果 E 发生，那么你将赢得 U，但损失 $S-R$。
如果 E 不发生，那么你将赢得 R，但损失 $T-U$。
因此，
如果 U 大于 $S-R$，并且 R 大于 $T-U$，那么无论 E 是否发生，你都将获利。

让我们来考虑一个具体的例子。假想如果 E 发生了，那么你让下注人 A 付给你 50 美元作为对 60 美元的交换；如果 E 不发生，那么下注人 B 将付给你 50 美元作为对 60 美元的交换。无论发生什么，你都将得到 40 美元。实际上，你将会因为 A 与 B 都没有能够接受关于 E 的相同赌商而获利。为了看明白这一点，请回顾第四章中 R 可以被分解为 bS，这里的 b 是在这个赌当中被下注人 A 所接受的对 E 的赌商。因此，U 也能够被分解为（$1-b^*$）T，这里的 b^* 是在这个赌当中被下注人 B 所接受的对 E 的赌商。

在上面这个例子中，A 与 B **作为群体被**打了荷兰赌。这是因为 b 不等于 b^*。这里的赌商并不满足概率公理。E 的概率与并非 E 的概率加起来应该等于 1，但 $b+(1-b^*)$ 却大于 1。

二、群体荷兰赌与合理性

当谈到合理性，尤其是信念的合理程度问题时，这种类型的
群体荷兰赌有什么意义呢？在上例当中，如果 A 与 B 是同一个 79
人，他其实已经犯了一个愚蠢的错误。也就是说，假定在他所掌握的关于 E 是否发生的信息没有变化的情况下，他打了两个赌。（如果在他第一次赌 E 会发生之后，发现了新的证据，使他高度确信 E 不会发生，那么他可能会想打第二次赌，从而尽力弥补预料到的损失。但如果 E 不发生，他预期的损失是 40 美元，而不是 50 美元。）

然而如果 A 与 B 不是同一个人，那么，要想让他们的打赌行为被看成是不合理的，他们就必须被恰当地关联起来。设想你是 A 而我是 B。你为什么会在乎庄家人是否必定会赢钱呢？你所

关心的，只是**你**通过赢得**你**和庄家打的赌从而让自己获利。有一点是不相关的：你要赢的话，我就必须输（因为我打的赌碰巧和你的不一样）。

但现在设想一下，A 与 B 是罗密欧和朱丽叶，这是一对已婚夫妇，他们的收入和钱财归共同所有。他们有一个公共银行账户，两个人拿来打赌的钱都来自这个账户。因此，打这两个赌的最终结果对他俩来说都是坏的。从他们的公共账户中损失掉了 40 美元，如果把这些钱花在共进晚餐或者一起看电影，那当然会更好。

从罗密欧或朱丽叶的观点看，这样的行为也许都是可以理解的。或许他们都不知道另一方打的赌，或者谁都不期望另一方去打赌。但他们可能还是表明了，作为**一对搭档**，他们的决策技能有多差。情况似乎是这样的。设想他们手上都有移动电话，很容易彼此沟通各自打赌的情况，以便把这些情况进行统筹安排。这样的话，他们可能会很轻易地避免确定要发生的损失。他们也完全可能讨论了 E 会不会发生，而且把这个问题上的信息进行分享。他们已经开放了沟通的渠道。总而言之，**如果很方便讨论投资的选择，而且所投资的是共有资金**，那么，明智的夫妻搭档就会去讨论投资的选择，目标是在怎样投资的问题上达成共识。他们一定会尽力避免因为合作关系而确定导致损失的投资。

我们已经看到，当我们考虑不同的人打的赌的时候，要想考虑群体的合理性问题，（至少）需要两个条件：（a）在打赌当中
80 必须要有公共资金；（b）在打赌之前赌博者必须要有一个交流的办法。这是吉列斯（Gillies 1991）观点的一个粗略版本。我们可能会要求它在几个方面再精确一点。例如，我们可能会问，在这

两点上，信息是不是必定都能双向流通？（我想把这个问题给你留作练习。一开始可以考虑这个问题：即使 A 不能和 B 沟通，A 仍然有可能给 B 送达指令，让 B 不要打和自己相互冲突的赌。）但基本思想是很清楚的。

然而有两点值得强调。首先，这里的“资金”没必要按照字面含义解释为钱。甚至不需要考虑成房子或者车这样的物质的东西。这里的“资金”可以是任何人们所共有的东西，人们会认为它是有价值的（并且人们会因此对它感兴趣）；而且这种共有也不必是平等的共有。经济学家通常使用“效用”（utility）这个概念来充分体现这一点。一小时的登山跑对我的效用也许大于对你的效用，而吃一个汉堡对你的效用也许大于对我的效用。因此，如果要给出一个选择，你也许更愿意选择后者而不愿选择前者，而我的选择却可能正好相反。（我是个素食主义者，而且酷爱登山跑。但你的偏好**可能**就不一样了。）

其次，这里的“赌”也没有必要按照字面进行解释。这个思想读者应该从第四章就熟悉了。正如拉姆塞（Ramsey 1926）所坚持认为的那样，在某种意义上说，任何时候我们都在打赌。当我选择在牛津大学做一份临时工作，并放弃其他地方的几个永久性工作的面试机会时，我就正在“赌”：我赌我会发现这个经历会有极大的收益，从长远来看，这样做并不会损害我的职业生涯。当你选择今晚的正餐吃什么的时候，你同样是在“赌”，你赌与其他可选的食物相比，你会更加享受它。

最后一个例子将有助于阐明前面这两个观点。设想一个三人犯罪团伙，他们得知警察很快就要来住处逮捕他们。他们聚在一起，就下一步的行动形成了一个周密的计划。他们都同意：在

被警察询问时，对他们涉嫌的案件讲类似的故事，以便能够避免
被控告有罪。（他们认识到，讲**完全**相同的故事是可疑的。警察
81 并不指望证词完全相同。）每个成员都有理由表现得同意这样做，
以便能够避免被指控，也许能够避免被判刑。即使犯罪团伙的成
员将会受到法律上不同的惩罚，这一点也是成立的。也许其中一
名成员已经犯有两项严重的罪，而如果再次获罪的话，将会受到
“三振出局”[*]的严厉惩罚。也许另外两个成员以前并没有犯过罪，
会得到法官更为宽大的处理。但是，相互合作仍然符合他们的利
益。如果他们不这样做的话，这个团伙中的每个成员都肯定会有
损失——被罚款、参加社区服务或者是“进去”。

三、主体间性观点：吉列斯论群体置信度和共识

我们已经看到，有些时候，群体为了避免荷兰赌而达成一个共识，这是很重要的。或者更精确一些，我们可以说：“一个群体通过使用满足概率公理的赌商而免于荷兰赌。”我们认为一个群体如果能让自身免遭外部利用，那么这个群体就是理性的；假如一个群体在完全有机会免遭外部利用的情况下却没能这样做，这个群体就是不理性的。

但是，现在让我们来提出这样一个问题：这一点如何与我们开始时所说的**群体置信度**思想关联起来呢？我们注意到，使用“我们相信”是很自然的。然而这并没有告诉我们群体是否**真正**拥有超出其成员的信念的信念，或者说，所谓“群体信念”是如

* 意思是第三次犯有暴力罪的犯人被判终身监禁，而且不得保释。——译者

何与个体的信念相关联的？难道我们真的需要谈论群体信念吗？或者，难道我们仅仅满足于谈论群体赌商吗？

吉列斯写道：

> 即使不是大多数，我们的许多信念也是社会性的。它们被一个社会群体的几乎全部成员所共同持有，而且一个特定的个体通常是通过与该群体的社会互动而获得这些信念……对于个体人来说，拒绝接受他所隶属的群体的占支配地位的信念，实际上是十分困难的，尽管持不同意见者或者说异教徒肯定是存在的……除了特定个体所持有的具体信念，还存 82
> 在这个社会群体的共识性信念。实际上，后者也许比前者更为根本。（Gillies 2000：169—170）

为了准确理解吉列斯的上述观点，我们来考虑一下“证言”（testimony）的重要性。你所知道的事情，或者你认为你自己知道的事情当中，有多少是你不依赖于他人而独立得知的呢？并不多，而且可以肯定，绝不是大多数。你接受过正规的学校教育，而且也接受过父母（或者其他合适的监护人）的教育。你也从朋友和熟人那里学到很多东西。而且即使是现在，为了形成新的信念，你也在使用我的证言。毫无疑问，你因此已经接受了概率哲学家共同体的许多信念，而我也是这个共同体中的一员。

但为什么吉列斯会说，社会信念比个体人的信念“也许更为根本”呢？他并不认为社会信念**在本体论上独立于**个体信念。更确切地说，社会信念就其存在来说，是依赖于个体信念的：一个社会信念 p 存在，只是由于许多（社会成员中的）个体信念 p 的存在。相反，吉列斯认为，社会信念抗拒变化，而（纯粹的）个体信念却不是这样。因果地考虑问题也许有助于理解这一点。如果在一个共同体当中，几乎每个人都相信 p，这就会倾向于导致这个共同体中的新成员也变得（最终）相信 p。以下这种情况是不大可能发生的：一个碰巧相信非 p 的新成员成功地说服该群体相信非 p，也就是说，改变了这个群体的信念。（注意：一个群体的信念对另一个群体的信念的影响是不一样的，它在一定程度上是一个程度问题。例如，考虑一下科学**共同体**对公众信念的影响。如果科学家们的断言与公众信念发生了冲突，就会出现强烈的抗拒。想想地球围绕太阳转是如何被看作错误的，因为这与圣经上的故事是冲突的。）

引申一下，我们可以说，群体置信度等同于共享的个体置信度。这符合吉列斯所说的主体间概率：“主体间（解释）：在
83 这里概率表示一个已经达成共识的社会群体的置信度。”（Gillies 2000：179）考虑任一命题 p 和任一群体 G。G 不会拥有一个对 p 的置信度，除非 G 的成员已经对 p 达成了共识。而且，G 并不拥有一个对 p 的概率，除非 G 拥有一个对 p 的置信度。因此，G 并不拥有一个对 p 的概率，除非 G 的成员已经对 p 达成了共识。这就是吉列斯的观点。

在 G 当中对 p 达成共识需要什么条件呢？按照吉列斯的观点，该群体的每一个成员都必须对 p 拥有**完全相同的个体置信度**。否则，如果**假定赌商对应着个体置信度**，群体的成员可能愿意接受个体对 p 的赌，而这可能会让这个群体面临荷兰赌。

考虑下面这个以吉列斯自己的（Gillies 1991：529—530）例子作为基础的例子，它能帮助我们理解：我们如何运用被**理解**为

满足概率公理的共识置信度的主体间概率。设想有两个相互竞争的研究群体 G_1 与 G_2，致力于同一个物理学研究领域。还有一个持不同意见的科学家 D 独自在这个领域从事研究。G_1 的成员正在致力于表明他们所喜欢的理论 T_1 是正确的。相反，G_2 的成员正在试图表明他们所偏爱的理论 T_2 更好。最后，D 相信 T_1 与 T_2 都不是好的理论，设法全部否定这两个理论。

情形可能是下面这样的。所有科学家——G_1 的成员、G_2 的成员，连同 D 一起——也许都（理性地）同意，T_1 与 T_2 一样都很好地预言了现存的证据 E。因此，当这两个概率都是主体间概率并且涉及在该领域工作的**全部**科学家时，$P(E, T_1) = P(E, T_2)$。（考虑下面这个在最基础也是最重要的科学领域，即养兔学中的可能的理论：T_1 是“所有的兔子或者是黑色的或者是白色的”，而 T_2 是“所有兔子或者是黑色的或者是棕色的”，而 E 是“目前观察到的 1000 只兔子全都是黑色的”。）然而，在不考虑这个证据的情况下两个理论各自有多合理，不同的群体对此仍然可以持有不同的意见。如果基于 G_1 的主体间概率，那么 $P(T_1) > P(T_2)$；但如果基于 G_2 的主体间概率，则 $P(T_1) < P(T_2)$。而 D 却认为 $P(T_1) = P(T_2) = r$，而且 r 非常小；这是 D 的**主观**概率。因此， 84
对于 D 来说，$P(\neg T_1 \& \neg T_2) \gg P(T_1 \vee T_2)$，尽管 G_1 与 G_2 都持有与此对立的观点 $P(\neg T_1 \& \neg T_2) \ll P(T_1 \vee T_2)$。或者用通俗的话说，对于那些不熟悉逻辑的人来说，$G_1$ 与 G_2 对“T_1 与 T_2 两者皆错”持质疑态度，而 D 却确信 T_1 与 T_2 两者是错误的。（注意：这里我们使用的“∨”是在一种相容的意义上表示“或者”，因为如果基于证据 E，T_1 与 T_2 就可能都是真的。所有兔子可能都是黑色的。）

这个简洁的例子表明了，当我们考虑科学如何运行，或者考虑现实生活当中存在的群体和个人交互作用的其他情境，例如在政治或者商业领域时，主体间概率——理解为共识性置信度——可能会如何派上用场。但是，接下来我想去论证，主体间概率可以而且也应该通过一种更加广义的方式加以思考。

四、我的替代观点：关于使用赌商的共识

我同意吉列斯认为存在主体间概率的观点。但我并不认为主体间概率必然反映群体的置信度乃至群体的信念。因此，让我首先给出一个对我的替代观点的正面论证，我的观点是：主体间概率应该被理解为共识性**赌商**。我将通过一个思想实验进行阐明。

一名将军和他的部下在一起商讨作战计划。他们的共同利益是打赢这场战斗，并让自己的军队损失最小。将军介绍了收集到的敌军士兵和方位的信息，以及本方军队的相关信息。然后他征求部下的意见：使用什么适当的战术？所用战术可能引发的各种情况下要如何应对？激烈的讨论持续了很长的时间。尽管各自提供了很多的论证，军官们也没有就最好的战术是什么达成一致。时间一点一点过去，而敌军越来越近。将军必须要定下决心。他也的确这样做了。基于他认为最好的论证，将军下达了命令。他
85 概述了自己的计划。他的部下都接受了这些命令，而且他们都同意去执行将军的计划。

当军官们散会后返回各自的所属部队，他们吐露了自己对该计划的看法。有人认为这个作战计划可以接受，但并不理想。而

另外一些人则认为这个作战计划是鲁莽的。所有下属军官都认可的是，将军的计划是自洽的，并且他们所属的部队会朝着共同的目标去努力。无论如何，他们都严肃地发誓会严格落实这个作战计划，因为他们都知道，如果他们各自为战，结果会是一场损失重大的惨败。也就是说，基于共同的利益，他们同意作为一个团队而战斗。

在这种情况下，这个群体同意在那些关系到群体的利益，以及那些群体易受外部武力攻击的语境当中，使用共同的赌商。而且，如果这些赌商违反了概率公理，这个群体就会遭受损失。例如，如果作战计划是炮兵部队火力攻击一个具体位置，而友军步兵却事先占领了这个位置，这种情况就完全可能发生。(这实际上是这样一个赌：只有敌方部队才会处在一个具体位置，同时还是这样一个赌：友军也会在一个具体位置。也就是说，有一些未成文的预先假定是大家都认可的：谁都不愿意去伤害自己的部队，而炮兵对一个区域开火将会杀死这个区域的许多军队，等等。)

对于这次战斗如何展开（以及这一仗怎么打最好），军官们并不拥有相同的信念，更不用说置信度了。例如，关于敌方部队如何部署，他们并没有达成一致的意见。但他们所采取的行动就**好像**敌军会按照将军所设想的那样进行部署。(因此，实际上，他们都同意按照将军个人的相关置信度采取行动，尽管他们有机会去影响这些置信度。)

另外，对于这次战斗如何展开（这涉及所制定的作战计划是否明智），军官们**甚至并不拥有相同的个人赌商**。看出这一点并不困难。现在我们设想，会议结束后，一些军官没走，停留了一

会儿。他们继续讨论，尽管他们已经接受了将军的裁定。将军无
意中听到了他们的讨论，神秘地咧嘴笑了笑，而且跟每个人都打
了一个赌。如果这次战斗打赢了，每个打赌者都会得到晋升。但
86 如果这次战斗失败了，打赌者将会被降职。有些军官很想打这个
赌。有些军官不确定打不打这个赌。其他军官则直截了当地拒绝
打这个赌。但这绝不只是因为有些军官比其他军官更不愿意承担
风险。而是因为，假定他们已经同意执行作战计划，对于这次战
斗如何展开他们有着不同的期待。(将军也甚是狡猾。他希望接
受打赌的军官作战更加英勇，以确保打赢这场战斗。)

我的结论是，使用概率去表示（合理的）群体赌商，而不是（合理的）群体置信度，是有道理的。但这并不是要否认存在**一些**这样的场合，在其中，群体置信度与群体赌商是相匹配的。

五、吉列斯和罗博顿的一场对话

现在让我们通过对话的形式来考虑吉列斯的主体间观点和我的替代观点的相对价值。通过对话，这两者之间的区别会变得更加明显。

达瑞：那么，有人想为吉列斯的观点辩护吗？碰巧他是我的老师，因此我认为有人应该会这样做！

学生甲：那当然。事实上，有一种解释他的主体间概率观点的更加宽容的方式，却被你漏掉了。

达瑞：那是什么呢？

学生甲：我首先从他关于这一点的主要文章中引用这样一段：

> 如果一个群体事实上接受一个共同的赌商（这个赌商同其他这样共同的赌商合在一起，满足概率公理），那么，我们将称这个赌商为该社会群体的**主体间的**或者**共识性的**概率。（Gillies 1991：517）

达瑞：你很博学。但是，难道你没有否认吉列斯关于群体信念以及群体置信度谈了很多话吗？

学生甲：我并不否认这一点。但是你考虑过这种可能吗：吉
列斯**假定了把群体置信度定义为**公共赌商，事实上也**假定了把个** 87
体置信度定义为个人的赌商？

达瑞：是的，我已经考虑过这一点了。我并不确定这是否正确，但我确实注意到了同一篇文章末尾的如下段落，这一段表明它可能就是正确的：

> 有关主观和主体间概率的真正的问题就是这些。如果一种关于人类信念的理论，其对置信度的界定是通过荷兰赌论证进行的，那么这种理论就能够成为一个重要且成功的心理学（或者也许是社会学）理论吗？这样一种理论有助于解释清楚科学家的信念以及他们对确证所做的判断吗？（Gillies 1991：532）

学生甲：这段话我也发现了。我认为它所表明的是，吉列斯是按照我所提出的操作方式理解置信度的，也就是把它理解为赌商。

达瑞：这一点我不是那么确定。因为就在这段话上面，他引用了拉姆塞对置信度的讨论，这个我们在第四章已经谈到了。于是，正如你看到的，他这样写道：

> X的信念通过各种不同的方式影响着X的行为，但为了让信念变得可以测量，我们只能去选择这个信念的一个可观察的特定后果。这里所说的后果就是选择赌商，如果X被迫在之前明确说明的条件下打赌的话，他就必须进行这样的选择。而我们就利用这个后果进行我们的测量。（Gillies 1991：532）

学生甲：好的。由此吉列斯的假定也许**确实**就是：他所讨论的打赌的场景可以有效地**测量**置信度 。

学生乙：是的。而且，达瑞，如果你想反驳这一点，难道我们不是在重新考虑在第四章中我们对支持主观解释的荷兰赌论证所进行的批判性讨论吗？

达瑞：我明白你的意思。但是请这样考虑我的观点。我并不否定打赌的场景**曾**有效地测量置信度。我的观点只是说：有时候，即使当这些场景不能有效地测量置信度，理性群体的**赌商**仍然应该服从概率公理。

88 **学生乙：**因此，必然存在一个合法的解释，把概率解释为合理的群体**赌商**。

达瑞：正是如此。

学生甲：我明白了。但这难道不是意味着：吉列斯所说的主体间概率只是你所主张的主体间概率的一个**特殊情形**吗？

达瑞：是的。在我们尚未涉及的解释和主体间解释之间还存在另一个重要区别……

学生乙：是哪一个呢?

达瑞：我论证的是，同一个人在同一个赌上使用不同的赌商是合乎理性的，这取决于他要打的赌是与个体相关还是和群体相关。

学生甲：说得有点快了。

达瑞：再来看一下将军与军官的例子。军官们怎么赌，这取决于这个赌只是关系到他们个人的切身利益——例如个人下一步是晋升还是降级——还是说关系到这支军队的整体。

学生甲：你不介意我举一个更简单的例子吧?这样会让这一点变得更清楚一些?

达瑞：当然不介意!你说吧。

学生甲：好的。让我们来设想一个由两个成员构成的极小的群体。他们是孪生兄弟，年龄都是18岁。已故的母亲留给他们一笔托管资金。他们不得不去选择投资哪些股票。当他们年满30岁的时候，他们每人将会获得这笔资金一半的钱。

学生乙：漂亮!我猜他们会在投资哪些股票这个问题上没有达成一致意见，是吗?

学生甲：是的!他们就投资哪些股票没有达成一致意见，但他们还必须去投资。兄弟中的一个想投资公司A，而另一个则想投资公司B。但公司A与公司B是同一市场当中激烈的竞争对手，而且很显然，如果A成功了，那么B将会失败，反之亦然。因此，他们不可能恰好给两家公司各投资一半的钱。

达瑞：那么，他们该怎么做呢?

学生甲：他们同意投资第三家公司C，公司A与公司B所使用的产品都由公司 C 来提供。他们都认为这样做赚的钱会更少，但他们都看到，这种折中是保护他们共有资金的唯一的方式。

89 **学生乙：**我猜这个故事并没有在这里结束，是吗？

学生甲：是的，并没有结束。孪生兄弟各自都有自己的积蓄，而且都想向对方表明，关于他们应该如何投资，自己的观点是正确的。其中一个把自己的全部积蓄都投资给了公司 A，而另一个则把自己的全部积蓄都投给了公司 B。他们两个都不认为公司 C 是一个优等的投资选择。

学生乙：这个故事当中的行为没有一个是不合乎理性的！

达瑞：这个例子非常好！如果进一步讲明只可能有三家公司去投资，这个例子会更加严密。

学生乙：我们也可以通过一些小的改动从而让这些赌商变得显而易见。只要这两家公司能够正常运转，那么，到这对孪生兄弟 30 岁的时候，投资 A 或者 B 都会让本金翻倍。于是，假如其中最多只有一家公司能够正常周转，对公司 A 和公司 B 进行相等的投资将不会带来任何收益，或带来更差的结果。

学生甲：是的。而且我们还可以补充这样一点：假定公司 C 能够维持正常运行，则对公司 C 的投资预期只能赚取投资额度的四分之一。

学生乙：毫无疑问。这样的话，孪生兄弟中的一个会认为赌投资 A 是唯一公平的赌。而另一个则认为赌投资 B 是唯一公平的赌。从个体角度来讲，他们都不认为赌投资 C 是**公平**的——因为在已知存在的风险的情况下，他们并不认为如果 C 成功了他们会得到足够的回报——但为了保护他们共同的资金，他们都同意打这个赌。

达瑞：非常棒！或许以后我就应该用你的这个例子了。

学生甲：或许你会付给我们一些报酬吗？但实际上我并没有讲完这个故事。我只是想到了另外一些事情……

达瑞：哪些事情呢？

学生甲：按照你的观点，孪生兄弟个人的置信度——对当前讨论的这件事——是否满足概率公理，这一点是无关紧要的。即使它们并不满足概率公理，它们也可以拥有一种主体间概率。

达瑞：没错，就是这样。我认为，即便没有主观概率，主体间概率也能够存在。

学生乙：这看上去确实像是一个优点。

六、从主体间概率到客体间概率：另一个选择

最后，让我们考虑另外一种可以对概率的主体间解释进行修 90
正的方式。到目前为止，我们所说的是，只有当它们能让群体免遭荷兰赌，群体赌商（以及/或者群体置信度）才能算作群体概率。但是，这与群体对赌商（或者置信度）的共识是相容的，而这些赌商（或者置信度）是通过多种不同的方式引起的，并且其中许多都是完全不合理性的。假如这个群体的成员是一群为了让他们崇拜领袖而被洗脑的狂热信徒，情况会怎么样呢？或者，假如他们为了产生赌商而使用了随机的数字，而且在选择那些满足概率演算要求的随机数字时他们足够幸运，情况会怎么样呢？我们必须要说其中存在着群体概率吗？

对此给出否定的回答，并要求这里的共识**必须是**为了得到

群体概率的结果而通过**一种特定的方式达成的**，这样做是合理的。例如，我们可以要求这个群体把与要对其指派赌商的主题相关的信息集中起来。我们也可以要求这个群体中具有相关专长（如果有的话）的成员在决策过程当中带头，如此等等。在我的（Rowbottom 2013b）文章当中，我考虑了几种这样的可能性，但并没有特别主张其中哪一种。我的目的主要是让人们看到这些可选项。正如（严格的）主观解释存在着一系列替代品，（严格的）主体间解释也有一系列替代品。

我们甚至可能会认为，**合理的**群体赌商（或者置信度）具有唯一值。（或许，遵循像威廉森这样的客观贝叶斯主义者的理论，这种情况只是在有限情形下才会存在。）也许存在着一个唯一正确的过程（或者是等价过程的集合），我们正是通过这样的过程去判定赌商，（如果正确执行的话）这会产生唯一的赌商值。因此，我们甚至有可能提出概率的一种**客体间**解释，把它作为（严格的）主体间解释的替代品，这种情况就好比存在着客观贝叶斯主义观点，它可以作为主观解释的替代品。

推荐读物

91 概率的群体层面解释相对较新，因而还没有得到广泛的讨论。（然而我相信我已经说清楚了：为什么它们是有趣并且可能是重要的。）讨论这种概率解释的中到高级文献，我在上文中已经提到了：Gillies（1991）、Gillies（2000）和 Rowbottom（2013b）。

第七章　频率解释

在本书开头，我们考察了基于信息的方案与基于世界的方案 92
之间的差别。而且从那时起，我们的关注点就在前者上面了。但我们已经看到，它们遭遇到了一些困难，特别是在我们试图解释为什么有些事情会发生或者容易发生的时候。赌场赚钱，几乎从不失手。（由于这个原因，我已经在香港股票市场买了澳门赌场的股票。）但是，我们如何能够根据信息，例如根据赌徒与赌场运营者的（合理）置信度来解释这一点呢？可以肯定，人们是否相信赌场游戏是公平的，与它们是否**就是**公平的没有关系。

如果你需要被说服，那就设想全世界的赌场都开始经常性地输钱给赌徒。直觉上，我们会把这归因于“运气”。但是，如果这样的事情继续发生，情况会怎么样呢？接下来我们会怀疑赌徒是在作弊。如果我们后来通过调查发现并不存在有计划的作弊行为，情况又会怎么样呢？我们还会让赢得任一单一类型游戏（例如黑杰克扑克游戏）的概率保持相同的估算吗？不会。我们会对概率进行调整。

正如我们前面所看到的，那些认为只存在基于信息的概率的人总是可以坚持认为，若改变我们对概率的估算，**只能**是因为手
93 上的信息——关于赌场当中游戏的结果等等的信息——发生了变化。但赞成基于世界的概率的人，却可以通过修改这个思想实验做出回应。设想一个不存在任何信徒（believer）的赌场。游戏是自动的。进行赌博的是机器人。这里就不存在关于这些游戏是否公平这样的事实问题了吗？即使在这个宇宙当中没有剩下任何一个信徒，还会存在赢得其中任一局的概率吗？“是的”似乎是一个合理的回答。（即便是现在，也有买和卖股票的计算机程序。因此，同这个假定场景相类似的东西在未来可能会发生。设想我们将要建立这个赌场，以至于这些机器人能够代表他们的主人进行赌博，但后来其主人因为一场恶性的瘟疫彻底灭绝了。）

一、有限经验集合体与实际相对频率

根据基于世界的观点，概率就存在于这个物理世界当中，它就“在那里”。概率的存在不依赖于我们，也不依赖于命题或者语言。但似乎由此可以推出：我们只有通过经验才能把握到它们的存在以及它们的值。但是，我们究竟应该把这些基于世界的概率理解成什么呢？

我们在这一章中要考虑的所有回答，都基于下面这个思想：概率涉及的是事物的群体，或者说**集合体**。正如科学家和数学家理查德·冯·米泽斯（Richard von Mises 1928：18）所说：“**首先**

是集合体，然后才是概率。”而且，既然我们正在处理**基于世界的**概率，那么，首先来考虑**基于世界的**事物的群体，也就是**经验集合体**，似乎就是明智的。这样的集合体不但能够包含“聚集现象”(mass phenomena)，而且还能够包含重复性事件，也就是这样的情况：“或者相同事件不断重复发生，或者大量相同的元素在相同时间内出现。”(von Mises 1928：12)

出生至今的兔子的集合体就是一个这样的集合体。它是有限的。比如，我们就说它有 n 个成员。涉及这个集合体的概率是什么？一种观点认为，这个概率只取决于其中的兔子的**特征**，例如颜色和大小，还取决于这些**特征**在这个集合体当中的频率。我们 94
把“一只兔子是黑色的”看作一个恰当的例子。如果这个集合体的 n 只兔子当中有 m 只是黑色的，那么它的概率就是$\frac{m}{n}$。这刚好就是黑色兔子（在所有存在的兔子当中）的**实际相对频率**。显然，这个值不能小于0，也不能大于1。而且很容易看到，如果 m 只兔子是黑色的，那么 $n-m$ 只兔子就不是黑色的，因此非黑兔子的实际相对频率就是$\frac{n-m}{n}$，它等于$1-\frac{m}{n}$。另外，黑兔子**或者**非黑兔子的实际相对频率是$\frac{m+n-m}{n}$，也就是1。因此，这些实际相对频率满足第一条和第三条概率公理（附录A当中所讨论的两条公理)。通过相同的考虑，我们可以表明其他的概率公理也可以得到满足。(设想我想得到**带毛**的黑兔子的相对频率。我们可以把黑兔子的相对频率与**黑兔子当中那些**带毛兔子的相对频率相乘。例如，兔子当中一半是黑色的，而黑兔子当中一半是带毛的。由此可得，这个兔子的集合体当中有四分之一既是带毛的又是黑色的。)

这个时候注意到下面这一点是很重要的：在这个例子中，**一只**兔子是黑色的概率与**下一只**要出生的兔子将会是黑色的概率，没有任何关系。这样一只兔子并**不是**我们开始提到的集合体的一部分。你也许会认为有一种容易的方法可以纠正这一点。或者我们还可以考虑到目前为止出生的所有兔子的集合体，再**加上**下一只即将出生的兔子。没错。但这还是不能给出“下一只将要出生的兔子是黑色的”这种情况的概率。这只是意味着我们正在考虑**在一个更大的集合体当中黑兔子的频率**。因此，按照这种观点，下面这样的情况没有任何概率可言：刚刚出生的那只兔子是黑色，或者**任意一只**特定的兔子生来就是黑色的。这里的概率只涉及有限经验集合体当中黑兔子的实际频率。如果这样做的理由还有些不清楚，那也不要担心。后面我们还会重新考虑这件事情。

与一些我们先前考虑过的解释性策略（例如逻辑解释）相比，把概率建基于有限经验集合体有一个明显的优点。通过观察来测量概率，在许多日常情况下变得没有什么问题，而且即便在实践上不可能，在原则上也总是可能的。走出去。用心观察。记下频率。这样就搞清楚了概率是多少，或者（至少）会在它是多
95 少这个问题上把握到更多的数据。很容易理解为什么关于概率的这个观点会吸引科学家们的注意。

不幸的是，概率是有限经验集合体当中（属性）的相对频率的观点，似乎和通常我们考虑概率的方式，以及通常我们谈论概率的方式相冲突。首先，我们考虑一枚硬币，它从来没有被抛掷过，而且永远也不会被抛掷出去。存在一个**它**被抛掷之后正面朝上落地的概率吗？似乎存在。这个概率**必定**是基于信息的吗？好像不是。显然，有可能存在一条关于这个概率的真理，而这个真

理必定是基于这个世界的，即使我们并不了解它的价值。（注意：我们不能只考虑由所有硬币组成的集合体。比如说，为了产生正面朝上的频率，我们就必须考虑所有被**抛掷**的硬币的集合体。因此，尽管**对于任意一枚硬币**我们可以考虑所有的抛掷，但这仍然不能包含上面这个例子中说到的这枚硬币。）

其次，考虑这样一枚硬币，它只被抛掷过少数几次，然后就被毁坏了。设想它每次落地都正面朝上。我们是否应该接受这个结论：这枚硬币被抛掷时正面朝上落地的、基于世界的概率是1？这个结论看上去又错了。我们倾向于认为，把这枚硬币再多抛掷几次，我们会更多地了解这个概率的情况。因此，除了有限经验集合体中的**实际**频率，我们显然对另外某种东西更感兴趣。

最后，一旦接受概率是有限集合体的频率的观点，会引发许多其他不寻常的后果。艾伦·哈杰克（Alan Hájek 1997）列了一个很长的清单。这里提到的只是这个清单当中的两项。设想我们知道，掷一个具体的骰子时，六点朝上的概率是六分之一。我们可以由此推出，这个骰子已经被（或者将要被）掷的次数是六的倍数。另外，让人感到惊讶的是，我们也能够搞清楚，如果骰子没有（或者不会）被掷总数是六的倍数那么多次，**任何骰子都必定都是不公平的**。实际上，当我们考虑所有被掷的骰子的集合体时，只要掷骰子的总次数不是六的一个倍数，**所有骰子就都是不公平的**。

如果这还不足以让人觉得难以置信，也请注意，按照这种观点，所有的概率都必定是有理数。（一个有理数是能表达为$\frac{n}{m}$的数，这里的n和m都是整数，且m不等于0。）但是，量子力学 96

却包含并非有理数的概率。因此，基于这种定义，我们不得不认定量子力学是错误的，或者认为这里的概率并不是基于世界的。所有这些结论都来自扶手椅上的思考。

二、无限经验集合体和极限情况下的实际频率

要想避免上面发现的这些问题，我们可以提出这个要求：基于世界的概率应该和无限集合体进行关联。设想一枚硬币，经过无限多次抛掷，发现只是正面朝上。抛掷这枚硬币得到正面朝上的概率直觉上就是 1。我们并不需要担心再抛掷下去会发生什么。

这样的话，为什么不用无限集合体中的相对频率来定义概率呢？从数学的角度讲，有一种有用的极限运算可以被我们利用。为了搞清楚它是怎样运行的，我们来考虑下面这个公式：$\frac{x^2-1}{x-1}$。当 x 等于 1 时，它的值是什么？没有答案，因为$\frac{0}{0}$没有被定义（或者是不确定的）。但尽管如此，当 x 越来越接近 1 时，我们仍然可以考虑这个公式的值，如表 7.1 所示。

表 7.1

x	$\frac{x^2-1}{x-1}$
0.999	1.999
0.9999	1.9999
0.99999	1.99999
1.00001	2.00001
1.0001	2.0001
1.001	2.001

显然，当 x 接近 1 时，$\frac{x^2-1}{x-1}$ 接近 2。因此我们说，当 x 接近 1 时，$\frac{x^2-1}{x-1}$ 的**极限**是 2。而现在我们就有了我们所需要的考虑无限值的工具。作为一个简单而且恰当的例子，可以考虑 $\frac{1}{x}$。当 97
x 接近无穷极限时，它的值是多少呢？正如表 7.2 所表明的，它是 0。于是，从数学的角度讲，在无穷极限情况下谈论相对频率是没有问题的。但如果我们只是考虑**经验**集合体，那么，用这种方法去定义概率就存在一个明显的问题了。我们可以找到**一些**看上去真正属于无限的经验集合体；例如，考虑随着时间段的减小地球的平均运行速度。但是，我们往往在集合体并非无限，而且永远不可能无限的情况下使用概率。而且，我们也许并不想说这些全部都是基于信息的。我们回过头来想一下本章开头所给出的基于世界的观点的动机吧。我们希望能够去谈论赌场当中关于机会的游戏，并解释随着时间的推移，为什么——或者至少是可以预测——这些将会导致赌场积累到一个比赌徒们更高的胜率。但是，这样的机会游戏在数量上是有限的。而且，它们似乎总会是有限的。

表 7.2

x	$\frac{1}{x}$
1000	0.001
10000	0.0001
100000	0.00001
1000000	0.000001

提倡这种概率观的人完全可以去论证，这些游戏将会无限地进行下去。但是，背后潜在的问题是更加深刻的。我们难道确实必须要知道这样的事件**是否**会无限进行下去，以便知道我们是

否能够通过一种基于世界的方式考虑（并使用）有关它们的概率吗？似乎并不是这样。这样的推测并没有进入赌场主、保险公司的考虑范围。他们只是依赖了关于实际频率的数据，以此便能指导他们的行动。

以下是一个与之相关的顾虑。为什么实际频率总会告诉我们关于极限情况下的频率的**什么事情**呢？考虑抛掷硬币的场景。为什么在时间 t，例如在明天之后，所有这些抛掷的结果就不能都变
98 成**正面**朝上呢？是什么东西保证了我们当下的数据是相关的呢？敬请期待答案——或者至少请读下去，它在下一部分就会出现。

这里还有最后一个问题。有些无限序列并**不**具有极限值！哈杰克（Hájek 2009：220）给出了如下抛掷硬币序列的例子：

HT HHTT HHHHTTTT HHHHHHHHTTTTTTTT ……

这种模式重复下去。接下来将会是 16（2^5）个正面和 16（2^5）个反面，然后是 32（2^6）个正面和 32（2^6）个反面，如此等等。因此，正面（或者反面）的相对频率并不随着抛掷次数接近无限而变得稳定。它无休止地上下波动，如表 7.3 所示。

表 7.3

抛掷次数	正面朝上的相对频率
6	$\frac{1}{2}$
10	$\frac{7}{10}$
14	$\frac{1}{2}$
22	$\frac{15}{22}$
30	$\frac{1}{2}$
46	$\frac{31}{46}$

自始至终的最低点都是$\frac{1}{2}$，因为有持续性的阶段，在这些阶段上，正面朝上的数量与反面朝上的数量是相等的；但从来都没有这样的点，在这些点上，反面朝上的数量多于正面朝上的数量。这种波动**确实**变得有点小了，但随着 n 接近无限，高点也只是接近于$\frac{2}{3}$。（如果你使用计算器的话，你就能够看到，$\frac{15}{22}$比$\frac{7}{10}$更接近$\frac{2}{3}$，而$\frac{31}{46}$则更加接近。后面的值包括$\frac{2047}{3070}$和$\frac{8191}{12286}$，也是如此。）因此，当我们考虑在无限情况发生了什么时，我们能够得到的结论只不过是：正面朝上的相对频率在$\frac{1}{2}$和$\frac{2}{3}$之间波动。

这样的话，我们如何知道我们遇到的经验集合体不包含这样的序列，其中的相对频率并没有极限值呢？设想一枚硬币以上面详述的方式着地，似乎并没有什么不相容之处。而且有一点很容
易理解：其他这样的序列也是存在的，例如先有 3^n 次反面朝上， 99
接下来是 3^n 次正面朝上。（实际上，有无限多个其他这样的序列。只要把 3 替换成你喜欢的别的自然数即可。）

三、假定式频率主义与冯·米泽斯的相对频率解释

我们一开始讨论了经验集合体，考虑了概率是否只是这些经验集合体当中的**实际**相对频率。但是，我们发现这个观点无论对有限集合体还是无限集合体来说都是有问题的。一个关键的问题在于，在概率应该出现的地方，它们经常缺席。例如，即使一枚

硬币从来没有被抛掷过，它也不可能是公平的，甚至不可能具有正面朝上落地的概率。

解决这个问题有一种简单的方法。那就是去考虑**反事实的可能性**，或者说与事实相反的那些可能性。事实上，在日常生活当中我们经常这样做。我们经常这样说：“如果我上学的时候学习更努力一些，我本来会有更好的成绩!”以及“如果我再忠诚一些，她也就不会和我分手了!”(这两个陈述都是**反事实条件句**。它们是“条件句”，是因为它们是“如果……那么……”这种形式的陈述。它们是“反事实的”，是因为“如果”后面的部分，也就是前件，是假的。）我在教训女儿的时候经常使用这样的陈述：“如果你趁自己不太困的时候早点写作业，事情不是会更简单一些嘛!”

请记住冯·米泽斯，一位杰出的数学家（和科学家），他设计出了关于概率的相对频率解释的一个最为详尽的版本。他的一个关键思想是认为，把有限经验集合体**塑造**为无限数学集合体是合理的。因此，概率关注的是无限**数学**集合体（对它进行的极限操作得到了良好的定义，这在上一部分已经讨论过了)。但是，这些数学集合体必须要和经验集合体具有适当的关系。

初看起来，这个想法好像有点不可思议。但正如第五章讨论主观解释时所提到的，理想化在科学，尤其是物理学中是很常
100 见的。对于这些理想化是否可以表征实际事物，也不存在任何疑问。无穷在许多这样的理想化当中都扮演着特殊的角色。在理想气体当中，分子是**无穷**小的点状的东西。在光学当中，镜头通常被认为是**无穷**薄的。另外，镜头的焦距是根据它们对位于**无穷**远处的对象所创制的图像定义的。

冯·米泽斯用了一个来自流体力学的例子来阐明这一点。(这里需要了解微积分，所以我就不探讨它了。如果你对此好奇，那就请你参阅《概率的哲学理论》(Gillies 2000：102—103)，那里有一个解释。）冯·米泽斯断定说：

> 基于无限集合体概念的一个理论的结果，可以通过一种在逻辑上不可描述但在实践当中却足够精确的方式应用于有限的观察序列。在这种情况下，理论与观察之间的关系与其他所有物理科学当中的关系，在本质上都是一样的。(Von Mises 1928：85)

这是一个有说服力的观点。因此，让我们接受它（至少暂时接受它)。难道我们先前讨论过的关于“概率应该用经验集合体来定义”的观点所存在的其他 一些困难不是仍旧还会存在吗？例如，我们如何才能知道，通过使用**对相对频率具有有限值的**数学集合体去塑造经验集合体是适当的？毕竟我们在前一部分已经看到，我们可以轻而易举地想象其中相对频率并没有有限值的无限数学集合体的存在。回想哈杰克（Hájek 2009：220）那个抛掷硬币序列的例子：

HT HHTT HHHHTTTT HHHHHHHHTTTTTTTT ……

然而，冯·米泽斯预料到了会有这种形式的反驳。在他看来，根据**两个明显的经验性理由**，可以说明这种反驳是不成功的。具体而言，冯·米泽斯断言，存在两条支配经验集合体的法则，我们可以大致陈述如下：

（1）**稳定性法则**。集合体当中属性的相对频率，随着观察的增加而变得越来越稳定。

101 （2）**随机性法则**。集合体包含随机序列，也就是说，它们并不包含关于属性的任何可预测模式。

在下一部分我们将详细考察这些（所谓的）法则。

四、经验法则：稳定性和随机性

首先让我们来考察稳定性法则。它的基本思想很简单。随着时间的推移，经验集合体当中属性的相对频率的波动会越来越小，并趋近于具体的值。这一点与我们考察过的如下思想是一致的：在无穷远处存在着一个这些频率所趋近的**极限**，这点我们在前面已经提到过。

冯·米泽斯坚持认为，这条法则早已得到了经验的确证。因此，这条法则在16世纪时被一个恰恰也是优秀数学家的执着的赌徒首次提出，这也许绝不是什么巧合。他的名字叫贾德诺（Gerolamo Gardano），他是最早研究概率的人（和17世纪的研究相比，这些当然只是初等研究）。他很可能是根据自己作为一名赌徒所积累的大量经验提出这条法则的。

同样有趣的是，这条法则是在帕斯卡和费马发现概率法则——附录A中解释的加法法则和乘法法则——**之前**提出来的。事实上，历史表明，正是因为相信这个法则是真的，推进了他们的进一步研究。回忆一下在第二章讨论过的法国赌徒顾邦德。他并不是**只**想知道，当赌博不是（能够）令人满意地结束时该如何分配赌资，他还对为什么在他自己设计的一个游戏当中没能获胜感到十分好奇。介绍一点背景对于理解为什么会这样是必要的。

通过重复赔率均等的赌（也就是赌商为二分之一），赌在四次掷骰子中至少会有一次六点出现，顾邦德赚了不少钱。现在看来，这并没有什么可奇怪的，因为只要假定骰子是公平的，我们就能算出六点出现的概率是多少。对于每次掷骰子，得不到六点的概率是$\frac{5}{6}$。因此，四次掷骰子连续得不到六点的概率是$\left(\frac{5}{6}\right)^4$。因 102
此，至少得到一个六点的概率是$1-\left(\frac{5}{6}\right)^4$，即$\frac{671}{1295}$。这个事件中二分之一的赌商是不公平的。

但后来，顾邦德重复给出了一个更加复杂的赌。（或许他这样做是因为输给他的人逐渐明白了先前提到的那个赌对他有利这个事实。）这个赌指的是：把**两个**骰子掷 24 次，两个六点将至少一起出现一次。他给出的赔率还是一样。

顾邦德有一个错误的理论，让他认为这个新的赌会和他之前的赌一样获利。但他注意到情况不是这样，而且让帕斯卡注意到了这件事。也就是说，他注意到，随着时间的推移，他开始输钱了。然而，让这一点变得引人注目的是，假定骰子是公平的，那么他输掉每一局的概率只比二分之一少那么一点点。这一次我们还是能把它算出来。一次掷出两个骰子得不到两个六点的概率是$\frac{35}{36}$。因此，24 次掷出骰子得不到两个六点的概率是$\left(\frac{35}{36}\right)^{24}$。因此，至少得到一次两个六点的概率是$1-\left(\frac{35}{36}\right)^{24}$，或者大约 0.4914。于是，通过重复“实验”顾邦德发现了二分之一与 0.4914 之间的微小区别。此外，再说一遍，尽管他**并不**是一名优秀的数学家，但他却发现了这样一点。不过，他没有办法准确地算出这个值是多少，这就是他去咨询数学家的原因了。

现在来看，顾邦德本不会认为他的发现是有趣的，除非他（隐含或者明确地）**假定**获胜的相对频率会很快稳定下来，并趋向于一个具体的值。（很难想象在这次游戏中他的全部赌注的数量会高于 10000。可能也就约为 1000。）费马和帕斯卡似乎也做出了这个假定。这样想吧。要是他们把他的结果看作一件离奇怪诞的事，他们也就没有任何东西可以系统地进行研究了。因此，他们必然正在考察（他们所认为的）一个稳定的值，并且正在试图理解为什么它会小于二分之一。

但稳定性法则**确实**是真的吗？基于经验进行论证的方法，通
103 常只是给出大量实验结果的例子。通过网络搜索“相对频率实验”，你可以发现好几个结果。或者你可以做你自己的实验。下面就是我做的一个实验。我掷出一个有十个面的骰子——一个规则的十面体——400 次，并记下每掷十次之后得到十点的总次数。（像这样规则的骰子在许多棋牌游戏当中都会用到，包括“龙与地下城”游戏。前面第五章我们也看到了一些其他种类的游戏。）在表 7.4 中，我列出了一些有趣的数据点，其中会出现相对频率的一些高点和低点。（相对频率发生在三个十进制的地方。）在图 7.1 中，这一点后面跟着一幅曲线图，这个图表明了相对频率是怎样与掷骰子的次数相关的。

表 7.4　掷一个规则十面体骰子的关键数据点

掷的次数	10 点的次数	10 点的相对频率
30	0	0
60	5	0.083
70	5	0.071
90	9	0.1
140	11	0.079
180	20	0.111
220	27	0.123
400	40	0.1

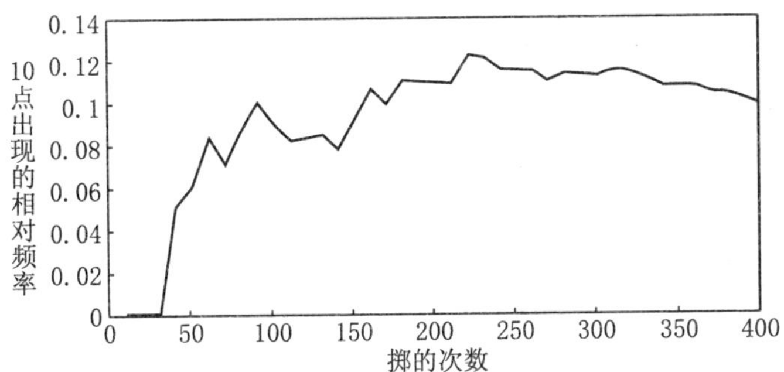

图 7.1　掷一个规则十面体骰子出现十点的相对频率

这个实验恰好以 0.1 这个相对频率结束，这纯属幸运，0.1 这
个值是我们所期待的在无穷远处的值。如果我继续掷的话，相对 104
频率将会再次发生偏离。(我们当然知道这一点。接下来，我将或者结束于掷 401 次并且出现 40 次十点，或者结束于掷 401 次并且出现 41 次十点。）但我不会期待相对频率再次低到 0.071 或者高到 0.123。

为了从经验上对这个法则进行辩护，除了给出相同种类更多的例子（这会让人感到极为厌烦）之外，没有更多可以补充的了。(我们已经提到了赌场和保险公司等实体所取得的成功。）至少，似乎存在着许多**确实**服从这个法则的集合体（就我们所知而言，这些集合体具有我们能够处理的有限的数量）。我们可以使用一些数学证明提供支持——所谓（强的或者弱的）**大数字法则**——但这些都预设了，这些集合体当中的变量序列是**随机的**。因此，现在让我们来考察随机性法则。

最好的办法是通过诉诸关于“什么**不**是随机的”直觉来引入随机性。这里就有一个清楚的例子。考虑如下硬币抛掷的序列：

HTHTHTHTHTHTHTHTHTHTHTHTHT……

这不是随机的，因为在这些属性当中存在一种固定的模式。而且有一点是**明显的**：它之所以不是随机的，是因为它**显然**是有这样一种模式的。随便哪一个称职的赌徒都会赌下一次将会出现正面朝上的结果。再下一次，他就会赌反面朝上，如此等等。他会利用这个序列缺乏随机性的特点——结果存在着固定模式——以便制订一个成功的赌博策略。

这种模式的存在有时候并不那么明显。例如，考虑下面这个硬币抛掷的序列，其中存在固定的模式吗？

T HH T H T H TTT H T H TTT H T H TTT H TTTTT H……

如果你认为不存在这样的模式，那是可以理解的。但实际上这种模式是存在的。正面朝上的结果只出现在位置2、3、5、7、11、13、17、19、23、29上，如此等等。而你现在也许发现了：这些都是素数。因此，如果你打算遵循规则“抛掷数为素数时赌正面
105 朝上，抛掷数为非素数时赌反面朝上”，那么在赌抛掷结果的时候，你将永远不会赌错。

关于集合体是随机的这一点的证据是什么呢？考虑会有多

少赌徒试图去设计不靠欺骗也能获胜的系统。为了实现这个目的，许多赌徒记下先前游戏的结果，例如记下轮盘赌的旋转结果，以便寻求其中存在的某种模式。实际上，我就看到过赌场中的一些赌徒，他们每天花费相当一部分时间去做这件事。（自然，记下这些结果也能用来确定属性的相对频率。因此，这可以用来发现一个轮盘赌是否由于例如没有被放平而导致结果有所偏倚。这一点人们**已经**成功地做到了。但那**不是**我们在这里讨论的问题。我们讨论的是，通过放置数字而寻求结果当中存在的模式。）这些赌徒们成功了吗？他们可曾成功地发现为了让自己在赌场上彻底打败庄家而成功加以利用的模式？好像并没有！

这些并不是**任何**模式都**不**存在的证据。它们只不过是下述这一点的证据：如果这种模式存在，它们极难被觉察出来（基于赌徒们当前能够收集到的数据）。

现在，让我们最后一次回忆哈杰克（Hájek 2009：220）关于抛掷硬币的那个假想的无穷集合体：

HT HHTT HHHHTTTT HHHHHHHHTTTTTTTT……

现在我们可以看到冯·米泽斯将如何回应基于这一点的任意反驳了。这个集合体不仅违反了稳定性法则，因为在极限情况下它并没有任何频率；而且还违反了随机性法则，因为分别存在H模式和T模式（发现这些模式碰巧是一件简单的事）。但这个回应足够好吗？下面就让我们通过对话的形式，通过考察这一点来批判冯·米泽斯的相对频率观点。

五、对假定式频率主义的初步批评

达瑞：那么，谁来第一个反驳冯·米泽斯？

106 **学生甲**：你可能又要手忙脚乱了！

达瑞：那也比沉默要好。你为什么不第一个来呢？

学生甲：好吧。考虑**实际**有限频率的一个好的方面在于，它们是容易测量的。也就是说，尽管我们看到了认为概率等同于有限经验集合体中的相对频率存在的问题……

达瑞：你的意思是说，在解决这些问题的过程当中，这个好的方面已经被丢掉了。

学生甲：是的！丢掉了，或者，至少是**变小**了。我这么说吧。考虑所有的硬币抛掷。想象我们已经拥有了关于该集合体的大量数据。比如说，我们已经拥有了今年抛掷所有硬币得到的结果。我们应该确信，这个数据与有关硬币抛掷的这些结果的概率相关吗？

学生乙：是的，因为经验规律吗？

学生甲：但是，这只是经验规律罢了。我并不确信它们就**是**普遍性规律。或者至少我认为**有理由**不相信它们是普遍性规律。首先，也许抛掷硬币的结果在极限情况下并**不存在**任何频率。第二，即使在极限情况下**存在**一个频率，这个频率或许也和目前我们掌握的数据引导我们去期待的大不相同。第三，也许在抛掷硬币的结果中存在着一种我们不能发现的模式，而这让它成了非随机性的。或许每个第一百万次抛掷的结果都是正面朝上，或者诸如此类。我们根本就没有足够的数据去发现这个模式！

学生乙：所有这些对于我来说都有点值得怀疑。我的意思是，今天有人可能会朝我开枪，但我并不打算穿一件防弹背心……

学生甲：好吧，让我用一种稍有不同的方式来进行论证。我们来考虑第三个问题，也就是关于随机性的争论。比如说，你正确地认为我们有证据表明抛掷硬币的结果的序列**是**随机的。现在设想在遥远的未来，人们发现了这个序列当中存在的一种模式。你**当真**会承认我们之前一直在使用的关于抛掷硬币的概率是错误的，哪怕我们已经足够理性？

学生乙：我承认，这个观点更好一些。我也不得不怀疑这些法则是**完全**普遍的，尽管它们**通常**对经验集合体都是适用的。实际上，也许这些法则本质上是**或然的**！

学生丙：这样想的话，我有一些困扰。如果这些法则**只是如** 107
此碰巧为真，这难道不是很怪异吗？如果它们就是这样的情况，这难道不需要给出某种解释吗？

达瑞：这个问题问得好。事实上，接下来我们想要考虑的概率的解释——倾向性解释——就是试图去解释为什么在有些情况下我们会期待稳定性和随机性。现在我们就不细说了。冯·米泽斯会这样答复你：这些法则是基本的事实，就像物理学当中的能量守恒定律。而且他还会补充说，如果这个世界不存在任何不可解释的特征，我们就**需要**一个解释上的无限倒退。

学生丙：碰巧，对此我有一个回应……

达瑞：真的？

学生丙：它依赖于卡尔纳普所提出的经验法则和理论法则之

间的区别。经验法则在可观察事物的层面上起作用，而理论法则在不可观察事物的层面上起作用。如今，物理学当中的通常情况是，经验法则可以通过适当的理论法则进行**解释**。

达瑞：给个例子看看？

学生丙：考虑“所有铁锭在受热时都会膨胀”。存在着一种对于它的解释，是用铁锭的构成成分给出的。另外，关于温度究竟是什么意思，是根据分子的平均速率进行解释的。

达瑞：很好。这么说，你的想法就是，这些关于集合体的法是**关于可观察之物的法则**，对于这些法则，我们会期望其背后是**关于不可观察之物的法则**，就像我们通常在物理学当中所做的那样吗？

学生丙：正是如此。因此，冯·米泽斯与物理学的类比并不像初看上去那么好。实际上，他对概率的解释漏掉了一些东西。粗略地说，我想说它只是聚焦于表面上可观察的东西。

达瑞：但是，有些哲学家对于谈论不可观察的东西有点怀疑——因此，他们可能会把这种“表面性”看成优点。

学生丙：或许吧。但这些人中的大多数仍然认为，拥有关于不可观察事物的理论是没有问题的。他们只是并不**总是**把这些理论当成真的，或者当成是高度似真的。

达瑞：言之有理。

六、对假定式频率主义的更多批评：单一案例、参照类与序列排序

108 **达瑞**：好吧。让我们把关注的焦点从所谓法则移开吧。关于

所谓的"假定式频率主义"还有其他问题吗?

学生乙:我最主要的担心在你引入频率解释的时候已经涉及了,即它没有考虑涉及单个事件的概率——或者说,没有考虑到"聚集现象"(mass phenomena)集合体中个体事物的概率。

达瑞:但是,你为什么会认为这些是重要的呢?

学生乙:我举个例子。设想我生病住院了。我病得很严重,医生建议我动手术。我问她手术之后我存活的概率是多少。

达瑞:她怎么回答的呢?

学生乙:"百分之七十。"但是,因为我知道一点关于概率的解释,所以我就进一步要她解释一下这是什么意思。这只是她的个人看法吗?

达瑞:她怎么回答的?

学生乙:"这个是基于医学研究的结论。"于是我问:"相关的集合体是哪一个?"或者像我也听到的那种问法:"参照类是哪一个?"

达瑞:好吧,于是她就跟你讲了讲这项研究的事。也许它涉及一家特定的医院中的二百名病人,这些病人的手术是几个不同的外科医生给做的,而这几个外科医生用的是不同的外科技术,等等。

学生乙:对!于是我问:"但是,我想知道**我**存活下去的概率!"我继续说:"它一定不同于你提供给我的那个概率,因为这是一家不同的医院,你是一个不同的外科医生,而且你会建议使用一种特定的外科技术……"

达瑞:哈!我已经处在某些相似的情境中了。但是,如果这名医生是一名地道的频率主义者,她一定会回答说,不存在任何基于世界的概率。

学生甲：情况真的这么坏吗？就算是**存在**一个适用于你，也
109 就是那些情形中的患者的概率，我们肯定也不会拥有关于它的恰当的数据吗？为了搞清楚这一点，我们需要多次重复同一个场景——而如果手术是不可逆的，这好像就是不可能的。

达瑞：说得好。但也许存在种类上与此相似的其他事例，在其中我们的确想说存在着一个概率。单个放射性原子，例如一个碳-14原子的情况如何呢？**它**有一个在任意时段都在衰变的概率吗？

学生甲：为什么不只是说“不”呢？正是因为**这种类型**的放射性原子具有半衰期，因而**当作集合体考虑的时候**，它具有衰变概率。

达瑞：我并不是这么有把握。考虑下面这个思想实验。在整个宇宙当中，仅仅产生过一个x类型的放射性原子。它……

学生甲：我明白了……

达瑞：那么，我只想说说这一点。似乎你所处的位置会让你接受如下观点：x类型的单个原子在某时段内是否衰变，这是由物理规律**决定**的。也就是说，这取决于你是否坚持认为不存在任何单独关于它的基于世界的概率。

学生甲：当然。

学生乙：但是，我们知道这一点吗？我的意思是，难道我们不愿意让我们在这个世界是否是非决定论的这个问题上保持开放态度吗？

达瑞：我倾向于赞同你的观点。

到目前为止，上面的对话已经涵盖了单一案例概率的问题。但有一个问题与此相关，被称为**参照类**（reference class）**问题**，接下来我们就来谈一谈。

学生丙：好的。如果我们能继续讨论，我可以提一个不同的反对意见吗？

达瑞：当然可以。

学生丙：回到学生乙关于住院的例子上来。我们姑且接受不存在任何**个体概率**的观点吧。但是仍然存在着我们要考虑**哪一个**集合体的问题。

达瑞：也许你可以修改一下这个思想实验，把你的想法进一步解释一下？

学生丙：当然可以。设想这个医生知道关于她想做的这种类型手术的**两项**研究，而这两项研究对患者存活的相对频率的报道 110
是**不同**的。那么，应该使用哪项研究呢？

学生乙：这就是人们所说的**参照类问题**吧？

达瑞：是的。

学生乙：我们可以通过让这样的研究以不同的方式和我，也就是患者变得相关，从而让它变得更加有意思。比方说，研究 I 涉及的患者和我在同一家医院做手术，年龄分布在 10 岁到 80 岁之间。研究 II 涉及的患者和我在不同的医院做手术，但年龄分布在 20 岁到 30 岁之间。顺便说一下，我 23 岁。

学生丙：很好。这样的话，也许研究 I 的存活率为百分之五十，而研究 II 的存活率是百分之七十。要用哪一个呢？

学生甲：难道就没有一种简单的解决方法吗？难道我们不应

该把这些结果结合起来，然后看一看这些研究中的**全部**患者存活的相关频率的情况吗？

学生丙：别那么快下结论。对单独使用研究I，也就是手术在同一家医院做，有一个论证。但是，对单独使用研究II也有一个论证，因为它不包含比我更年轻或者更老的患者。

达瑞：很好。更愿意依赖一项研究似乎是合理的，尽管说清楚应该更愿意选择哪一项研究是一件困难的事。或许研究II中的医院的医疗水平较低。或许它的卫生状况更差，设备更加陈旧，等等。或许研究I当中一些年龄大的患者由于年龄原因而导致了较低的存活率。

学生甲：我明白了。实际上，我认为这与单一案例概率的问题是相联系的。

达瑞：这是一个有意思的想法。道理何在呢？

学生甲：理想一点说，我们不会想去使用其中任何一项研究，因为这些集合体太宽泛了。我们想使用在同一家医院做手术的研究。我们希望病人年龄就像研究II中那样分布。希望病人的性别也和研究II中那样相同。希望和研究II中具有相同的病史。和研究II中具有相同的DNA……因此，实际上，我们想要的是研究II！

达瑞：确实……

学生乙：即使我们认同我们不可能这样做，我们也并不总是会有一种可靠的方法去判断使用两个集合体中的哪一个更好。

111 **达瑞：**对。其中一个原因是，**相似性**尚在判定当中。举例来说，不妨设想一个钢球和一个木制锥体，哪一个和木球更相似呢？如果回答这是一个语境问题，貌似有理。如果我们考虑构成、柔韧性或者导热性，那么我会把木制品进行配对。可如果我们考虑形状、表面积到体积比，或者是滚动的倾向，我就会把球状物进行配对。

我们已经考察了针对假定式频率主义的两种主要的反对意见，并且看到了他们在某种程度上是相互关联的。但是，还有最后一种异议需要论及，该反驳是哈杰克（Hájek 2009）提出的。他称之为**参照序列**（reference sequence）**问题**。

它的基本思想是，在一个无限集合体当中，一种属性在极限情况下的频率依赖于该集合体当中成员的**次序**。为了搞清楚这一点是什么意思，请设想两个具有相同成员的无限集合体，也就是所有的自然数。第一个集合体按照正常数数的顺序排列：1、2、3、4、5，等等。但第二个集合体按照相当不同的方式排列：1、3、2、5、7、4、11、6，等等。现在考虑偶数的相对频率。在第一个集合体当中它是二分之一，在第二个集合体当中它是三分之一。

有一种回应坚持认为，只有一种排序策略是“自然的”。但即使是在我们处理像抛掷硬币这样的简单事件时，这也是不合理的。对于抛掷硬币来说，这种“自然的”次序是时间性的；如果抛掷 *a* 发生在抛掷 *b* 之前，那么在该序列当中抛掷 *a* 所得的结果就应该早于抛掷 *b* 所得的结果，反之亦然。然而根据狭义相对论，*a* 是否发生在 *b* 之前，是一个角度问题，即测量的参照框架问题。因此，在一个参照框架当中，*a* 发生在 *b* 之前；在另一个参照框架当中，*b* 发生在 *a* 之前；在第三个参照框架当中，*a* 与 *b* 同时发生。这导致了奇怪的情境：对于某个硬币的抛掷来说，出现“正面”的相对频率对两个观察者来说可能就是不一样的。

但是，如果诉诸随机性，情况又会怎么样呢？（上述自然数序列的例子不是随机的。）这样产生的问题是，同一个事件集合对于一名观察者来说是随机的，而对另一名观察者来说却不是随机的。（例如，设想一名观察者随机改变速度，并且经常以极
112 高的速度移动。）那么，我们要说什么呢？这个结论高度反直观：存在着涉及那些对一个观察者来说是这样，而对另一个观察者来说不是这样的事件的概率。更准确一些，我想说的是，如果实际上的确存在基于世界的概率，那就会存在**独立于观察者的**基于世界的概率。

七、一个简短的同情的结论

在频率解释的背后，显然有某种好的动机；它把概率理论建基于主体间可以观察的现象，也就是频率之上。然而正如我们已经看到的，想要为概率只不过就是**实际**频率的观点进行辩护，是一件很难的事。因此，当实际频率变成概率的可错**标志**，例如极限情况下的频率或者假定式频率，而不是概率本身，就要被迫做出一些改变了。一言以蔽之，我们可以说，把注意力集中于以实际频率作为**对**基于世界的概率的唯一经验证据是正确的。但是，即使把它们解释为假定式的，我们也可能会严重地怀疑频率**就是**概率。我们也可能会质疑坚持下面这个观点有什么价值：如果基于世界的概率不能被解释为实际概率，它们就必须被解释为非实际频率。毕竟，非实际频率**不**是可以直接测量的。这是下一章的主题了。

推荐读物

尽管频率解释在哲学之外——例如在统计学家当中很流行，但它并不是很多热点研究的主题。我们已经考虑了来自近些年来关键的批判性论文当中的一些论证，也就是《“米泽斯还原”——还原：反对有限频率主义的十五个论证》(Hájek 1997）和《反对假定式频率主义的十五个论证》(Hájek 2009)，它们在难度上处于中到高级水平。更容易把握的研讨出现在《概率和归纳逻辑》(Kyburg 1970：第 4 章）和《概率的哲学理论》(Gillies 2000：第 5 章）当中。《概率、统计和真理》(Von Mises 1928）很容易理解，并且值得多次阅读。

第八章　倾向性解释

113 在上一章我们看到，**稳定性法则**对许多经验集合体都是适用的。也就是说，随着观察数量的增加，许多集合体中属性的相对频率的波动会越来越小。例如，在我重复掷出一个规则的十面体的实验中我们就看到了这一点。结果发现，出现“10 点”的相对频率的值的波动逐渐减小，接近十分之一这个值。

但是，为什么稳定性法则能够成立呢？或者更准确地说，为什么这个法则对**有些**集合体成立，而对其他集合体却不成立呢？是什么使得**那些**集合体具有特别之处？概率的频率解释并没有对这些问题给出回答。而且，频率解释的许多提倡者都强烈反对这样的问题需要回答这个想法。例如，冯 · 米泽斯的想法就是这样。他认为，概率论是一门涉及聚集**现象**（也就是可观察之物）的经验科学，没有什么地方能够容纳关于潜在机制（或者“形而上学”）的推测。

然而，倾向性观点的支持者们所希望的是，根据那些更加基本、更潜在的事物去解释稳定性法则，有些甚至希望去解释随机性法则。他们把这潜在的事物（即倾向性）视作**真正**的概率。于是根据这种观点，概率会产生稳定的相对频率，**但不应该等同于**此频率。

做一个类比在这里是有帮助的。考虑理想气体定律，也被称为波义耳定律，该定律对许多理想气体例如氦气都是近似成立 114
的。它与体积、压强、温度等可观察性质相关。但是，对这些关系，存在着一种根据气体的分子和**它们的**性质（例如质量和速度）给出的更深层次的微观解释。所谓“理想气体定律”，是支配（理想）气体分子的**机械**定律的一个结果。温度与分子的运动能量相关联，如此等等。这就是当代物理学告诉我们的。

同样，在当下语境中，**频率**是可观察之物，而**倾向性**却是不可观察之物。然而，存在着一个重要的方面，从中可以看出这种类比是有缺陷的。许多成功的预测都是从气体由分子构成这个理论做出的。然而，倾向性理论只是看上去**解释**了有些经验集合体当中一系列属性的特征。我们在后面会返回到这场争论上来。

一、作为倾向的概率

倾向性理论的所有版本——它有许多个版本，我们将考虑其中的几个，而这会导致不可避免的混淆——有一个共同点。它们都依赖于概率是**倾向**这个思想。考虑像“可溶解的”“易燃的”“易碎的”“洪亮的”以及“可延展的”这样的词。这些词对应于事物倾向于在特定环境下采取行动的方式，或者事物可能会拥有的**倾向性性质**。一口钟可以是洪亮的，只要人们敲击，它**就**

会发出声音，哪怕事实上根本就没有谁敲过它。同样，一个酒杯可以是易碎的，只要它从高于 30 厘米的地方坠落到一块石头表面，它**就会**被打碎，即使事实上它从来就没有以这样一种方式坠落下来。与倾向思想密切相关的是一种**能力**（power）的思想。例如，我们可以说纯水**具有**溶解食盐**的能力**，同样我们可以说食盐**具有**在纯水中溶解**的倾向**。

稍微思考一下就会明白，在我们描述事物的时候，倾向性性质有多么重要。当你读书的时候，你可能处在一间带有窗户的房
115 间（或者其他内部空间）当中。你可能会认为窗户是用玻璃做成的。但是，现在设想一个大力士使尽全身力量用一个大锤击打其中一扇窗户，但却没能打碎它。你会怎么想？由于它表现出**缺乏**你认为它应该具有的倾向，由此你就会怀疑这扇窗户不是用玻璃做成的。也就是说，假定你相信大锤是真的，如此等等。

你不需要假定关于大锤（诸如此类）的任何事情。更一般地说：只要你确信 A 与 B 具有使 C 发生的倾向，那么你将会由此推出，当 C 没有发生的时候，A 与 B 至少会有一个不存在。因此，如果你看到一种白色透明固体加到无色液体当中，但这种白色透明固体没有溶解，你可能就会得出结论说“这个白色透明固体是食盐，这种无色液体是纯水”是假的。这是一个比怀疑食盐**确实**具有在纯水中溶解的倾向更自然的初始反应。

二、单一案例倾向性（波普尔）

相对频率观点存在的一个主要问题是，它没有给涉及单一事

例的事件，如一次性事件的基于世界的概率留下空间。假如“市场花园行动”成功了，那就不存在“二战”当中同盟国在1944年圣诞节之前就击败德军的概率了。[如果你不知道这是什么意思，可以去看一看《遥远的桥》(*A Bridge Too Far*)。这部影片很棒!]下面这一点不存在任何概率：假如她生的是一个男孩，安妮·波莲（Anne Boleyn）就不会被亨利八世斩首了，如此等等。在历史上根本就没有这样的概率存在！即使是在像单独掷一次骰子或者单独抛掷一次硬币这样的简单事例当中，尽管这些事例更容易被看作是大的集合体的组成部分，这样的概率也是不存在的。因此，正如我们在上一章注意到的，如果有人承认概率的一种基于世界的相对频率观点，那么，只要他坚持认为存在着关于单一事例的概率，他就一定是一个多元论者，并且会认为这些概率是基于信息的。

波普尔的倾向性理论的本意就是要避免这个问题。我个人对 116
这个问题是这么看的。首先，设想倾向性具有**析取**（“或者……或者……”）性质是可能的。设想物质X与物质Y相接触时，下面这两件事情当中的一件总是会发生：或者X变成了铅，或者X变成了纯金。于是我们可以说，“当与Y相接触时，X倾向于或者转为铅，或者转化为纯金”。我们也可以想象每种情况发生在某些时候。这样想显然没有任何矛盾。而且，认为当X被加到Y上时没有其他因素会影响到发生什么事情，这也没有什么明显错误。也就是说，这样想是可能的：不存在其他任何因素（或者因素群）Z，它只在X转化为铅（或者纯金）时才会出现。

其次，我们设想两个**析取支**——由“或者”连接的两项——具有不同的权重，这是可能的。例如，当被加到Y上时，X转化为铅的趋势比转化为金**有更强的倾向**。我自己更喜欢的考虑这一点的方式——我并不确定其他人也会喜欢——是这样的。**相互冲突的倾向**可能会出现，并且一种倾向有可能强于另一种倾向。转化为铅的倾向也许在一定程度上强于转换为金的倾向，或者相反。按照这种观点，以下**两者**都可能为真：“当与 Y 相遇时，X 倾向于转化为铅”和“当与 Y 相遇时，X 倾向于转化为金”。我们可以补充一点：“当与 Y 相遇时，X 转化为铅的倾向是转化为金的倾向的 n 倍”。

你可能会有如下担忧。上面我们在一开始考虑倾向性的时候，给出的一个例子是“食盐倾向于在纯水中溶解”。当我们这样说的时候，难道我们的意思不是说它**仅仅**倾向于如此这般吗？我心里想到的回答是：我们**实际上的**意思应该更精确地说，是“当被加到纯水里的时候，食盐**仅仅**倾向于去溶解”。在前面，我几次都省略掉了“仅仅”。例如，在讨论析取的倾向性时，我本来应该这样写：“当与 Y 相接触时，X **仅仅**倾向于或者转为铅，或者转化为纯金”。

117 按照这样一种观点，概率是某些特定的物理事态，比如实验安排所具有的，而不是集合体所具有的：“可接受的序列必定是虚拟的或者现实的序列，这些序列是**通过一套生成条件来刻画的**，这套生成条件的反复实现会产生出这些序列的元素。”(Popper 1959a：34）这样我们就能理解为什么说波普尔下面这个断定允许我们提出单一事例概率的原因了：“既然概率最终会表明它依赖于实验安排，于是它们就可以被看作是**这种安排的性质了**。”(Popper 1957：67）因此，按照波普尔的看法，“一个单独的事件，即使它可能只发生一次，也会具有一个概率；因为它的概率是它的生成条件的性质”(Popper 1959a：34)。

但是，这一点**真的**可以推出来吗？我们在前一章提到了冯·米泽斯，他在有些问题上似乎认可下面这个观点：基于世界的概率应该与物理上的安排（或者事态）关联起来，**不过**，他否认单一事例概率的存在。例如，他这样写道：

> 对于**一对**给定的**骰子**（当然包括完整的安排），“双6”的概率是一个特有的性质，一个属于整体实验的物理常量……概率理论只涉及存在于这种物理量之间的关系。（Von Mises 1928：14）

由此可见，冯·米泽斯的观点与波普尔的观点并不像初看上去分歧那么大。我们为什么要对单一事例的倾向性的存在留心在意，读完下一节会变得更清楚。

三、单一事例倾向性对比长期倾向性

我们在上面第二部分已经看到，冯·米泽斯**赞同**波普尔认为的概率可能是物理性质的观点，但他**否认**这样的概率能够在单一事例当中存在，也就是说，他否认它和单独一个实验的结果相
关，而认为它只与重复这种实验的结果（的集合体）相关。但这 118
是为什么呢？

对此，一个合理的回答是：稳定、长期的频率并**不**必然标志着单一事例倾向性的存在，而且它们也能在不诉诸这些的情况下

得到解释。因此，预先假定单一事例倾向性的存在大大超出了这种现象——表象——从而进入了含混难解的形而上学领域。下面我们就来说说根据。

设想一个具有两个可能结果的实验被做了无限多次，对于每种可能的结果产生了相对频率 f 和 $1-f$。（之所以使用“无限多次”这个词，是为了避免让相对频率与极限情况下的相对频率产生背离。如果你认为这样的场景不可能出现，你就去设想这个实验被做了**极**多次，设想前一章探讨过的稳定性法则能够成立。因此，f 和 $1-f$ 近似等于极限情况下的频率。）同时我们设想这个实验做得很好。我们应该得出结论说：f 和 $1-f$ 表示了**任何一次执行这个实验**过程中所产生的每一种可能结果的单一事例的倾向性吗？这是汉弗莱（Paul Humphreys 1989：52）提出的一个问题（的简化版本）。

似乎不是这样。汉弗莱正确地得出结论说，除非我们掌握了更多的信息。这是因为，刚才描述的场景与（至少）两个不同的潜在情境相容，这两种情境分别对应于这个实验能够“做得很好”（也就是符合实验的设计）的两个不同的意思。

第一，设想这个实验系统是**非决定论的**，而且在因果方面影响实验结果的因素在实验往复当中保持不变。换句话说，所有与应用那些支配实验结果的完整自然法则相关的初始条件，在每次重复当中都是**相同的**。于是，概率就**出现**在（与描述实验结果相关的）完整的自然法则当中。既然这些法则是**完整的**，那就不可能通过诉诸更多的法则从而避免使用概率。为了进一步说明问题，我们来考虑下面这个具体例子。每次都通过完全相同的方式
119 掷一个骰子。它从相对于投掷机制的相同方向（也就是位置）开

始。投掷机制每次都以完全相同的方式运行（也就是说，它给这个骰子施加了相同的力量）。这个骰子恰恰是同一面着地。没有任何来自外部的干扰。也就是说，这个实验包含着一个“封闭系统”，以至于没有任何外在力量或者因素会影响到实验结果。现在，如果结果并不总是一样的，我们就会正确地把这个系统当作**非决定论**的（假如我们**确信**这个系统是封闭的，并且它的结果只是通过让骰子运动起来的力、骰子起初的位置以及它所着地的面的性质来决定）。这也许有助于我们再去理解一下第一章对拉普拉斯之魔的讨论，如果你觉得还不是完全清楚的话。

第二，设想这个实验系统是**决定论的**，但在因果方面影响实验结果的一些因素在实验往复当中随机变化。于是，尽管每种情况下的结果都是由自然法则和初始条件唯一确定的，但每次实验的结果也许并不相同。为了把事情讲清楚，上面一段文字给出的掷骰子的例子可以改变（且只改变）一个方面；这个骰子的初始位置可以允许随机变化（不过其他方面——投掷的过程等等——仍旧保持不变）。现在来看，如果存在不同的结果——如果没有不同的结果，那将让人感到极为意外——那么，得出结论说存在着单一事例的倾向性就是错误的。**不过，这个实验是通过这样一种方式设计的，以至于当实验多次重复之后，它会导致关于结果的特有的频率。**

这第二个例子说明了费策尔（Jim Fetzer 1988）和吉列斯（Gillies 2000）所说的**“长期倾向性”**（long run propensities）的可能存在。我们将采纳后者的定义（它和前者稍有不同，因为它并不涉及极限或者无穷）：

> 长期倾向性理论指的是这样一种理论，在其中倾向性与可重复条件相关联，且被视作这样的倾向性：在多次重复这些条件的情况下，产生出那些近似等于概率的频率。（Gillies 2000：126）

120 实际上，假如冯·米泽斯相信稳定性法则的话，那么，当发表他前面关于“物理量”的评论的时候，在他的思想当中似乎已经有了某种与这些相类似的东西。现在就让我们考察一下，这些到底是怎样和**单一事例的倾向性**相关联的。我们还是用对话的形式进行吧。

四、单一事例倾向性与长期倾向性如何关联

学生甲：我读过一些波普尔论述倾向性的原始材料，我对它们感到有些困惑。具体说来，波普尔的观点所谈的似乎并不完全是单一事例，也不完全是长期倾向性。他的观点似乎是你刚才提出的两种观点的某种奇怪的混合。

达瑞：我觉得你说的是对的。你能通过引述细说一下吗？

学生甲：当然可以。他这样写道：“倾向性最后被证明是**认识单一事件的倾向性**”（Popper 1959a：28），但同时他还写道，一个可以重复的情境，比如一个实验，可能会有一种“倾向性，会产生出其频率等于概率的序列”（Popper 1959a：35）。在更早的著作当中他也写道：“**这种安排的性质……刻画的是**这种实验性安排的**趋向或者倾向**，以便**当这个实验经常性重复**时，从中会产生

出某些特有的频率。”(Popper 1957：67)

达瑞：做得很好。现在，关于这些有没有人能想到一种宽容的理解？有没有可能想出什么办法去消弭这些看似相互冲突的陈述之间的对立呢？

学生乙：嗯，我想知道单一事例倾向性的存在是否有可能**衍推出**有关的类似情况不断重复时存在着长期的倾向性。

学生甲：这是一个有趣的想法。

达瑞：你能多解释几句吗，或许可以举个例子？

学生乙：你的愿望就是给我的命令。设想我们有一个非决定论在其中成立的情境；也就是说，这个情境的结果并不是由其初始条件唯一决定的。让我们说它是一个量子力学系统，在其中，对于两种可能性A与B当中每一种的发生来说，存在一种相等的 121
单一事例倾向性——当然就是二分之一。

学生甲：这个设想很恰当。对那些懂得物理学的人们，我想到的是自旋测量(spin measurement)。

学生乙：好的。现在让我们设想，种类**完全**相同的情境要被重复地建立起来。从长期来看，A的相对频率会是什么呢？

学生甲：它和A在这种情境当中潜在的倾向性相同——或者，我应该说大致相同。

学生乙：对！因此，这些可重复的条件具有一个长期的倾向性，这是**由于**这种单一事例的倾向性出现在这些条件得到满足的每一个单一事例当中。嗯。在单一事例的倾向性之外，我们还有长期的倾向性。

学生甲：祝贺你！你救了波普尔。

达瑞：让我来做第一个提出质疑的人吧。难道不可能存在一

些情境，其中存在着单一事例的倾向性，但那些条件却不是可以重复的？

学生乙：你这是什么意思呢？

达瑞：我考虑的是米勒（David Miller 1994）对单一事例倾向性的解释，根据这种解释，它们依赖于**宇宙的整体状况**（或者某种相近之物）。如果这种解释是正确的，在某种意义上说，这些条件就不可能被重复了。

学生乙：那么它们**可能**会在不同的宇宙当中**重复**，不是吗？而且，存在着跨越这些存在于不同宇宙（在这些宇宙当中，相同的自然法则保持有效）的条件的长期倾向性吗？

达瑞：这是对的，但这也是高度推测性的，而且这还是同经验相分离的。因此，或许我可以提出与我所提到的怀疑——这是米勒也会提出的怀疑——多少有些不同的怀疑。

学生乙：说来听听？

达瑞：特定条件下的单一事例倾向性，只需要跟这个宇宙当中的后果具有因果相关性的东西相关联。而这可能会比整个宇宙少得多。这里我遵循了费策尔提出的关于单一事例倾向性的观
122 点，根据该观点，“得出结果的倾向性……一般来说……依赖于（名义上和／或者因果上）相关条件组成的一个完整的集合……”（Fetzer 1982：195）。

学生乙：太酷了。那么，关于我的提法，还存在其他问题吗？

学生丙：是的。你不能把基于世界的概率**同时定义为单一事例倾向性和长期倾向性这两个东西**。

学生乙：同意。因此，我的想法是这样的：波普尔试图把它

们定义为单一事例——或者至少本应把它们定义为单一事例——并试图表明，这样就会产生出长期倾向性，并因此而产生出恰当的相对频率。总而言之，基于世界的概率是一种单一事例的倾向性，这会导致一种长期倾向性，并因此而导致恰当的长期相对频率。

达瑞：这是一种宽容的理解，虽然它太过宽容了，但它却是一种有用的理解。

学生丙：好吧。但如果这样的话，正如我们已经看到的，波普尔似乎无所不知了。也就是说，他忽略了——至少在我们提到的关于倾向性的早期研究当中——这个可能性：有些基于世界的概率可能就是长期倾向性，**而不是单一事例倾向性**。

学生甲：这好像是正确的……

学生乙：是的。我赞同。达瑞关于决定论中掷骰子的例子就像是这样的；长期倾向性处在可重复条件集当中，但在任何特定场合却都没有单一事例倾向性出现。

学生丙：既然这样，为什么不把概率定义成长期倾向性呢，这样不就可以涵盖**所有**会产生稳定频率的情况了吗？

达瑞：哦，有人好像确实丢掉了单一事例当中的基于世界的概率。

学生乙：对的。这些就是我所想到的。我认为基于世界的概率可以**或者**是单一事例的或者是长期的。

学生丙：但在任意给定情况下，我们应该如何分辨出是哪一个呢？我的意思是，我们不能只是因为看到了稳定的频率，也就是可观察的事物，便断定单一事例倾向性的存在。

学生乙：这是对的。但是，即使我们不能在经验上确证它们

123 的存在最终是正确的，我们也能够搞清楚它们是存在的是什么意思。我只是在说，我们应该保持一种开放的心态。

学生丙：我想到的是科学上的情况。我想让我们的定义建基于经验，并且让它是简单的——也就是说，这样我们在不同情况下就不需要不同的基于世界的定义了。我们可以记住下面这种可能性；这个宇宙或者其中特定的系统，是非决定论的。但是，如果我们把基于世界的概率**大体上**定义为长期倾向性，我们也就可以做到了。可见，非决定论只是这样**一种机制**，这样的概率就是**通过这种机制**产生的。

达瑞：这是一场很棒的辩论——学生丙，我觉得你正在为吉列斯（Gillies 2000）那样的观点进行辩护——但在这里我不得不叫停了。

五、再说说参照类问题

学生甲：等等！在继续讨论前，我有一个十万火急的问题。对于倾向性来说，难道不会产生参照类问题或者其他类似的问题吗，就像相对频率那样？

达瑞：也许会有。你能说得更具体一些吗？

学生甲：当然可以。我们这样想吧。正如相对频率对于特定的集合体来说是条件性的，单一事例倾向性被许多人说成是对于特定的物理安排来说具有**条件性**。例如，波普尔（Popper 1967：38）写到的“**可重复的实验安排的性质**”。但是，一种安排，或者实际上一个实验，究竟是在什么时候**重复**呢？这难道不是取决于我们如何描述它吗?

学生乙：我想我明白你的意思了……但我想核实一下。你介不介意我给一个例子，看看我是不是真的明白了?

学生甲：说吧。

学生乙：设想一个科学家重复测量一个具体电路当中横穿一个特定电子元件的不同电势。他使用某种类型的电位器连续测量了十次。然后，他又用另一种类型的电位器又连续测量了十次。所有这些实验都是相同的吗? 或者，前十次实验与后十次实验有区别吗?

学生甲：这个例子很好。你说到点子上了。但这个问题比 124
你的思想实验所表明的还要紧迫。现在设想，测量电势差异过程中使用的装备和技术，对于这二十次测量中的每一次都是完全相同的。但是，要考虑实验室的温度，实际上就是电路的温度。对于这些来说，微小的波动是不可避免的，哪怕实验做得极为仔细——哪怕你用了一个好的温度计去测量。精度总是有局限的。这样的话，还能说这些实验是**相同**的吗?

学生丙：你把事情扯远了。毕竟，作为一个实验的组成部分，无法控制**所有**可能发生变化的因素，这本是一件非常普通的事。实际上，许多实验的要点就在于让**一些**要素发生变化，而使其他要素保持不变——或者，如果你坚持的话，保持**大致不变**——只有这样，才能检验这些变化的因素是不是对实验的结果产生了因果影响。

达瑞：的确是这样，但我还是觉得这里存在一个真正的问题。

学生丙：也许吧。但在我看来，与其说它对于概率的倾向性解释来说是一个问题，不如说它对一般的科学方法是一个问题。即使没有使用概率，“什么时候两个实验是相同类型的?”也是一个可以提出的问题——并且这就是一个被提出来的问题。

达瑞：说得好。或许我们应该使用前面我提到的费策尔给出的单一事例倾向性的定义，这样做有助于我们考虑这个问题：实验在什么时候才适当地表明了这种倾向性的存在。尤其是，只有当与结果具有因果相关性的条件在进行这些实验时保持不变，我们才可以说这些实验是“相同的”，我的意思是：**它们可以用来测量单一事例的倾向性**。

学生丙：我们可以这样说。但或许我们也可以适当放宽要求。

达瑞：你是不是在想：条件当中发生微小的变化是被允许的？也就是说，在每种情况下，对于单个情况倾向性来说，大致相等就已经足够了？

学生丙：是的。还有，尽管许多真实的实验并不包含倾向
125 性，但它们的情况就像这样。正如上面所提到的，我们知道，温度的不同可能会影响电路电子元件的电阻。但当我们测量这样的电阻时，我们并不担心发生这些小的变化，因为我们知道它们所起的作用是可以忽略的。

达瑞：好的。但我们要面对更深层次的方法论问题——实际上，这是你在前面的讨论中提出来的问题——尽管它不是**参照类**问题。我们这样想吧。设想我们让所有那些我们知道在不同实验中间因果相关的所有要素保持不变，不过我们注意到实验的结果会有变化。于是我们会得出结论说，存在着我们正在测量的单一事例倾向性吗？或者，我们会得出结论说存在着某个我们没有考

虑到的因果要素，它会在这些实验之间发生改变？

学生内：是的。科学是一件散乱而复杂的事，尤其是当涉及复杂系统的时候。为什么我会认为使用默认可以涵盖两种情况的长期倾向性更加安全呢？这就是原因了。

六、对作为单一事例倾向性的概率的最后一个反驳：汉弗莱悖论

在得出最后结论前，让我们说一说针对概率的单一事例倾向性的最后一种反驳吧。回顾一下我们在第一部分对单一事例倾向性的讨论。当我们说一颗子弹（高速）撞击一扇窗户（仅仅）具有打碎它的倾向时，我们的意思不正是：当一颗子弹撞击一扇窗户时，前者会引发后者的破碎吗？而且，我们难道不能把它表达为单一事例倾向性的值为1吗？好像就是这样的；我们好像可以说“P（窗破碎，子弹撞击窗户）= 1”。但如果这样的话，更低正值的单一事例倾向性就像是打了折扣的起因。正如波普尔所提出的：“因果只是倾向性的一种特殊情况：倾向性等于1的情况。”（Popper 1990：20）

然而，这里有一个问题，最早是汉弗莱注意到的。一旦你看到了这个问题，它就是显而易见的。事情是这样的。如果P(p，q）是良好定义的，那么P(q，p）也就是被良好定义的。但这显然就意味着：如果我们把P(p，q）当作一种单一事例的倾向性，我们就应该把P(q，p）也当作单一事例的倾向性。然而这一点会 126
让人感到古怪，因为因果只能在一个时间向度上运行。为了看清

楚这一点，考虑 P（**子弹撞击窗户，窗户破碎**）。设想我们看到一扇窗户破碎了，并推算出前面提到的概率的值是 0.5。可以肯定，我们不能把这理解成一种单一事例倾向性。不能说：好像窗户具有某种吸引子弹的性质。

长期倾向性可以通过诉诸可重复条件，以及长期来看可能会发生的事情，从而避免这个问题。例如，设想我们正在考察**一辆在特定战区行驶的小汽车**的窗户；对于这辆车的窗户因为子弹的撞击而破碎，存在一个合理的长期倾向性。与此对照，如果我们考察**在那些持枪违法而且**枪支稀少**的国家行驶的小汽车**的窗户，它们因为被子弹击中而破碎的长期倾向性就要低得多了。因此，我们确实应该把概率写成 P（**子弹撞击车窗，当汽车在 2010 年的巴格达正常行驶时车窗破碎**），与此鲜明对比的是 P（**子弹撞击车窗，当汽车在 2010 年的英国正常行驶时车窗破碎**），如此等等。（顺便说一下，英国法律严控枪支！）

然而，涉及单一事例倾向性观点的情境就变得更加模糊了。结果是，汉弗莱（Humphreys 1985）本人认为他的悖论表明单一事例倾向性**不是**概率，尽管它们是存在的。另一方面，费策尔（Fetzer 1981）捍卫了下面这个观点：尽管单一事例倾向性并不满足标准概率公理，但它们仍然是概率。他提出了对概率的一种更加宽泛的观点，认为概率不应该限定于任何一套公理。

七、对倾向性解释的一个简短总结

总而言之，我们已经看到，基于世界的概率的长期倾向性观点，会比其他可以选择的观点（即相对频率或者单一事例倾向性观点）遭受更少的批评。然而，我们不应该这么快就得出结论说压根儿就不存在单一事例倾向性，或者否认在某些具体情况下概 127
率可以被理解为单一事例倾向性。另外，下面提到的一些文献也探讨了其他精细的替代方案。

推荐读物

倾向性解释的许多不同版本在当代研究文献当中得到了讨论；以下都是高级或者由中级到高级的文献。在建构性方面，可以参见《概率的哲学理论》(Gillies 2000：第七章)，它致力于通过一种非操作论方法发展一种长期倾向性版本，并表明它如何被用于导出概率的经验法则。在解构性方面，可以参见《反对概率倾向性分析的二十个论证》(Eagle 2004)，其中大量列举了反对倾向性理论的论证，我们在这里只讨论了其中的一些而已。《机会的哲学指南：物理概率》(Handfield 2012）值得大力推荐，因为它着手处理了关于倾向性的前沿进展。最后，《倾向性与实用主义》(Suárez 2013）在最近论证了一种实用论观点，根据这种观点，倾向性是基于世界的概率的原因，但不应该将其**等同于**基于世界的概率。

第九章　谬误、谜题和一个悖论

128 到目前为止，我们探讨了对概率的全部解释，以及它们的许多变体。是时候检验一下我们的劳动成果了。在本章，我们来看一看这些解释如何可能用来阐明一些常见的谬误、相关的谜题以及一个有趣的悖论。学习这些对于提高你使用概率进行推理的能力（并避免一些令人不可思议的常见错误），具有独特的价值。

一、赌徒谬误与平均“法则”

首先让我们来讲一个著名的故事。1913 年，在蒙特卡洛的勒格兰德赌场的一张轮盘赌桌上发生了一件不寻常的事。（如果你忘记了轮盘赌是怎么回事，可以返回前面去看第四章的第六部分。）球一次又一次地落到黑色区域。事实上，它连续 26 次落在“黑”上。

此时，你觉得赌徒会怎样去赌呢？实际上就是，你认为当旋转的次数越来越多时，对于刚刚过去的六次轮盘滚动，他们会怎样去赌？（已经连续出现多次黑色结果这一消息已经传开。结果，赌徒们围拢在赌桌旁边。）你会发现问题的答案令人感到意外， 129
他们正在赌的是**红色**。

他们在想什么呢？简短的回答似乎是这样的。他们仍旧会假定轮盘是公平的。他们得出结论：接下来必定会出现红色的结果，且这个概率会不断增加。毕竟，暂时的不平衡在后面必定会被抵消，不是吗？这难道不就是“平均法则”所说的内容吗？另外，连续 20 次出现黑色的概率是极低的。连续 21 次出现黑色的概率会更低！因此，事实上不可能有人会见证这样一个事件。

这是一种诱人但完全错误的思考方式。为什么呢？赌徒们假设，下一次旋转轮盘会产生的结果**依赖于**前面已经发生的结果。然而事实上，每一次旋转所得的结果都**独立于**其他次旋转所得的结果。一个公平的轮盘赌给出连续 20 次黑色的结果**是**极不可能的事（更不用说 26 次了）。因此，如果你从不期望会看到这样一件事情发生，那么你也没有错。但由此并不能得出如下结论：当一个公平的轮盘已经**连续出现 20 次黑色结果时**，第 21 次也为黑色的概率就很低。它是公平的！因此，对任意一次给定的旋转来说，它给出一个黑色结果的概率就是二分之一。或者用更加形式化的表达就是：对 n 的任意取值来说，P(黑色) = P(黑色，前 n 次结果是黑色)。

如果我们根据基于世界的概率及稳定性法则进行思考——这是我们在前面两章所讨论的——我们就能看到赌徒们另外一个错误的推理方式了。如果他们就是按照这种方式思考概率的，他们就会期望，随着试验数量的增加，每种性质出现的频率也会变得越来越稳定。如果这是一个公平的轮盘赌，他们就会期望黑色以略低于二分之一的频率发生。由此看来，在大量黑色结果出现之后，红色结果的出现难道不是要**归功于**稳定性法则发挥的作用吗？

不，仍然不是这样，因为这将要求这个系统产生具有某种记忆的结果。基于它之前已经给出的结果，轮盘无论如何都得“知道”：是时候给出红色的结果了。或者说得更精确一点，轮盘先前
130 的结果对将来的结果会施加因果影响。但是，稳定性法则为真**并不要求**任何这样的“记忆”（或者单个结果之间的因果联系）存在。

不过，有理由认为它显然需要有这种“记忆”。如果随着旋转次数的增加，红色结果的相对频率趋近于黑色结果的相对频率，那么，红色结果的数量不是也必须趋近于黑色结果的数量吗？答案是否定的，尽管不是那么明显。为了搞清楚这一点，考虑表 9.1 中所表示的多次抛硬币的假设性结果。尽管反面朝上结果的数量与正面朝上结果的数量之间的差别显著**增加**，但正面的相对频率在每个数据点上更加接近二分之一$\left(\frac{50}{100}\right)$。因此，只要进程是公平的并且只有两种可能的结果，从稳定性法则并不能推出，一种结果的出现将会与另一种结果的出现进行“匹配”。

表 9.1

抛掷	正面	反面	正面的相对频率	反面—正面
10	0	10	$\frac{0}{100}$	10
100	40	60	$\frac{40}{100}$	20
1000	450	550	$\frac{45}{100}$	100
10000	4800	5200	$\frac{48}{100}$	200

为了避免赌徒谬误，根据倾向性进行思考是有帮助的。在波普尔的单一事例的变体当中，这种情境尤其清楚。这个系统（包含这个过程）——例如轮盘和操作者——具有**相同的**倾向，即在每个具体情况中产生每一种结果。这是这个系统的一种**性质**。这个系统过去运行的诸结果是完全不相关的。相比较而言，从吉列斯的长期观点的变体来看，这个系统具有一种倾向，即随着时间的推移，每个结果都会产生一个具体的相对频率。但是，这一点与独立性的结果是相容的，而这并不意味着未来的结果必定会“抵消”过去的结果，这些我们在谈到稳定性法则时已经阐述过了。

当然，仔细观察发生了什么——同样以轮盘赌为例——**可以**对概率提供一种指导，并**因此**对将来会发生什么提供某种指导。例如，设想黑色结果已经成为长期结果之后，上面提到的 131
勒格兰德赌场的轮盘赌正在进行第一次旋转。如果你知道已发生过的结果，作为一个观察者，你可能会合理地把这些重复结果看作证明轮盘存在偏差的证据。更具体地说，你也许会认为黑色的概率高于红色的概率。这是合理的。(可能的物理原因包括一颗正在被滚动的铁球，以及藏在黑色区域下面的强力磁铁。）但是，这与承认赌徒谬误截然不同，因为你将会使用过去的数据去计算每次旋转出现黑色结果的概率。你不会去假定一次旋转所发生的事情对另一次旋转所发生的事情具有任何**影响**。同样要注意你的假设性推理会有什么样的结果。你会更加倾向于赌黑色，而不是红色。那些承认赌徒谬误的人所做的事却正好相反。

值得简单提一下的，还有哈金（Ian Hacking，1987）讨论过的一种**逆向赌徒谬误**。其中涉及由现在发生了什么而错误地推出**过去**发生了什么，而不是推出未来会发生什么。或者更精确地说，在类博弈的场景当中，它涉及这个假定：某个时间点上的结果以某种方式**依赖于**较早的结果。哈金给出这样一个例子：

> 设想一名赌徒进入了一个房间，走向一个公平的装置（去掷两个骰子），看到它掷出了双六点。一个爱开玩笑的人问："你觉得这是今天晚上第一次掷吗？还是说已经掷过很多次了？"这个赌徒推理如下：既然双六点极少出现，那就很可能已经掷过很多次了。（Hacking 1987：33）

为什么这是不可思议的，原因应该很明显。事实上，只要骰子是公平的，那么，**任何一个**结果的发生都与其他结果的发生一样少见。一个一点后面跟着一个二点，与一个二点后面跟着一个一点，以及一个一点后面跟着一个三点，这些具有完全相同的概率。**36种不可区分的可能性当中的每一种，与其他任何一种的发生一样不常见。**

此外，我自己的观点是，逆向赌徒谬误不需要只是涉及关于过去已经发生**多少次**试验的推理。再次考虑勒格兰德赌场中黑
132 色结果的长期出现。一名并不知道最近结果的赌徒可能会得出结论说，之前在某个点上必然发生过红色结果的长期出现，或许就在不远的过去，而当他去仔细观察时，这种情况正在被"取消"。下面这一点很有意思，同时也许会令人感到有些迷惑：当黑色结果长期出现的时候，这种可能性似乎并没有被这个赌徒考虑到。

二、基础比率谬误

假想你已经申请了人寿保险，而且你已经有了一整套验血结果。(标准的做法是，人寿保险公司在决定是否提供保障之前，要做血液检测，例如检测艾滋病毒。）血液检测的结果之一，是对一种不常见的疾病得出了阳性结果，而感染这种疾病的概率是万分之一。这项检测从来没有给出过**错误的阴性结果**——如果血液来自一名患病的人，检测总能得出一个阳性的结果。但是，这个检测有时候也会给出**错误的阳性结果**——如果血液并**不是**来自一名患者，有时候却会得出阳性结果。更具体地说，它得出错误阳性结果的概率是百分之一。问题是：你患上这种病的概率是多少呢?

你想说这个概率是百分之九十九吗？基于心理学实验的证据，许多人都会这样认为。他们会因此而认为，这个检测结果说明他们已经得了这种不常见的病。但这是错误的，因为它忽视了一条关键的可用信息，也就是感染这种不常见病的人群的**基础比率**。要记得：患上这种病的概率只有万分之一。然而，如果放到每个人的身上，那么这个检测的结果就（有可能）让我们认为患上这种病的概率要远大于万分之一。

在这个事例中，如果我们通过一种与概率的相对频率解释相容的方式考虑全部信息，那就不仅有助于避免犯错，而且很容易搞清楚正确答案是什么。现在就让我们来试试吧：

1. 10000 个人当中有 1 个人患这种病。

2. 每个患这种病的人检测结果都呈阳性。

3. 因此，每 10000 个人当中有 1 个人检测呈阳性并患上这种病。

133 4. 每 10000 个人当中有 9999 个人不患这种病。

5. 每 9999 个人当中有 99.99 个人检测呈阳性但并没有患这种病。

6. 因此，每 10000 个人当中有 99.9 个人检测呈阳性但并没有患这种病。

这样，结果呈阳性并且**确实**患这种病的人的相对频率是多少呢？再来几行推理，就很容易推算出来了：

7. 每 10000 个人当中有 100.9 个人对这种病检测呈阳性。（由 3 和 6 可得）

8. 每 100.9 个人当中有 1 个检测呈阳性者患这种病。（由 1 和 7 可得）

9. 因此，当检测呈阳性时患这种病的概率是 $\frac{1}{100.9} \approx \frac{1}{101}$。

这样看来，你不应该感到恐慌！（因为我们是在用一种相对频率的方式谈论问题，所以严格说来，你不应该给你自己指派一个概率。然而，你可以把你自己想象成一个从集合体当中随机抽取出来的人。）如果保险公司因为阳性的结果而拒绝让你参保，那会是相当不公平的。这里的风险是最小的。唉，保险公司通常是不公平的，因为他们总是过于谨慎。这个问题我在这里解决不了。我倒希望我们能够解决。

值得注意的是：附录B中所探讨的贝叶斯定理，对于避免这种谬误具有十分重要的价值。还是考虑上面的例子吧。令 h 表示“你得了这种病”。令 e 表示“你对这种病的检测呈阳性”。我们感兴趣的是P(h，e)，或者 h 的**后验概率**，我们可以用贝叶斯定理把它算出来。如果你愿意试着说明这一点，可以查阅一下该附录中给出的样例。下面就把上例中给出的信息用形式的方式表达出来，作为查阅的指南：

1. P(e，h)是1；如果你得了这种病，那么检测将会明确地表明这一点。

2. P(e，$\neg h$)是1%，或者0.01；检测给出一个“错误阳性”的机会很小。

3. P(h)是$\frac{1}{10000}$，或者0.0001；这种病的基础比率很低。

三、倒置谬误

所谓“倒置谬误”指的是把条件概率和它的逆向形式混淆 134
了；或者用形式化的语言表达，当把P(p，q)和P(q，p)混淆的时候，就会发生倒置谬误。为什么这是错误的——如果它不是那么显而易见的——我们可以通过概率的逻辑解释的形式，以及逻辑衍推的例子提供最好的说明。令 p 是“所有兔子都是黑色的，并且蒂姆是一只兔子”，q 是“蒂姆是黑色的”。P(q，p)等于1，因为 p 衍推 q，但 q 并不衍推 p。就 q 提供的信息来说，蒂姆可能会是一个男人、一条蛇、一条狗、一只猫、一匹马，甚至可能会是一个玩具。因此，很难说 q 表示“蒂姆是一只兔子”。另外，存在一个黑色的事物（它碰巧被称作“蒂姆”），仅凭这个事实并不足以确证“所有兔子都是黑色的”。

你也许会觉得，这个错误是**如此**明显，只有傻子才会犯。但值得注意的一点是，有证据表明，这个错误**是**人们经常犯的。更糟糕的是，（被广泛认可的）专家们甚至也经常犯这个错误，从而导致严重的后果。科勒（Jonathan Koehler 1996）就探讨了庭审过程中这个错误是怎么犯的，当时法医学家被问到怎样把遗传物质和人进行“匹配”。例如，设想我的 DNA 与犯罪现场发现的一根头发的 DNA 之间存在一种匹配。一名法医学家也许会把在这根头发不是我的情况下发生这种匹配的概率表示为：P（**匹配，不是我的**）。我们经常听到这样的证词。它可能是这样的：“如果这根头发不是达瑞的，那么存在一种 DNA 匹配的机会小于百万分之一。”但这和 P（**不是我的，匹配**）完全不同。因此，得出如下结论是完全错误的：“假定我们已经发现了这种匹配，则这根头发不是达瑞的头发的机会小于百万分之一。”然而，一些法医学家竟然真的就得出了这样的结论，或者至少确实说了这句话。下面就是科勒（Koehler 1996，n.8）给出的例子，它使用的是庭审记录：

在证明了来自被害人血液与取自一条毛毯的血迹之间的一种 DNA 匹配被发现之后，佛罗里达州案件当中的一名联邦调查局科学家被一名公诉人质询如下：

135 **问：**在你的专业与科学领域内，当你说到匹配的时候，究竟是什么意思？

答：它们是等同的。

问：这样的话，你能说毛毯上的血来自瑞瓦发（受害者）吗？

答：我可以非常确定地说，这两份DNA样本是匹配的，并且它们是等同的。根据人口统计学，我们能够得出这里的血来自受害者以外的其他人的概率。

问：在这个案子里，这个概率是多少呢？

答：在这个案子里，这个概率是指，有七百万分之一的机会，这里的血是其他人的，而不是受害者的。

有点吓人，不是吗？更糟糕的是，科勒（Koehler 1996）的实验表明，这样的误导性证据有时候能够强烈地影响陪审员做出有罪的判决。这样也就不用感到意外了。因此，聊以慰藉的是使用逻辑术语进行思考——例如上面那些在阐述这种谬误时使用的术语——能够帮助我们避免这种错误。这是卡林诺夫斯基、菲得乐和卡明（Pawel Kalinowski，Fiona Fidler，and Geoff Cumming 2008）的一个发现。他们还发现，如果鼓励学生们使用附录B中给出的贝叶斯定理，就可以降低他们犯这种谬误的风险。这一点并不奇怪，因为这两个策略都是鼓励学生们用符号去表达陈述——像p和q这样的命题变项——并考虑这些符号之间的单向关系。

最后，值得补充的一点是，倒置谬误也可以解释清楚，为什么**有些**人容易忽略基础比率。一旦给他们提供完全不同的信息，比如$P(p, q)$，他们就可能会觉得自己得到了正在寻找的信息，比如$P(q, p)$。

四、合取谬误

考察下面这段话和后面跟着的问题：

弗兰克35岁，高个子，体格健壮。他年轻时在很多运动项目上表现优秀。从小时候起他就在足球上显示了特别的天分，在
136 英格兰18岁以下国家队担任中场。后来他在一家国内的俱乐部踢球。他29岁时退役。

以下哪一项的可能性更大？

（1）弗兰克是一个老师。

（2）弗兰克是一个体育老师，并且是他所在学校足球队的教练。

你得出正确答案了吗？上面这一段是以特沃斯基和坎尼曼（Amos Tversky and Daniel Kahneman 1982）在一个实验中使用的如下一段话作为基础的：

琳达31岁，单身，坦率，非常聪明。她所学的专业是哲学。当还是学生的时候她就特别关注性别歧视和社会正义问题，并且参加过多次反核示威游行。

以下哪一项的可能性更大？

（1）琳达是一名银行出纳。

（2）琳达是一名银行出纳，并且积极参加女权运动。

特沃斯基和坎尼曼实验中的大多数实验对象都选择了第二个选项。但这是错误的。原因很简单。事件或者命题的合取概率不可能大于两个合取支当中任意一个的概率。或者可以形式化地表述为：$\mathrm{P}(p\&q) \leqslant \mathrm{P}(p)$ 并且 $\mathrm{P}(p\&q) \leqslant \mathrm{P}(q)$。（要是在回答我的例子时犯了这个错，情况会更加糟糕。它不仅包括了“弗兰克是一个老师”(p)，而且包括了“弗兰克教体育课”(q) 和“弗兰克是他所在学校足球队的教练”(r)。$\mathrm{P}(p\&q\&r) \leqslant \mathrm{P}(p)$ 比 $\mathrm{P}(p\&q) \leqslant \mathrm{P}(p)$ 更加**明显**。）

特沃斯基和坎尼曼的原始实验是针对学生做的。尽管难以置信而且让人害怕，但他们后来发现，那些被请求基于病人对症状的描述进行诊断的外科医生也会犯同样的错误——91%的外科医生认为，病人更可能遇到两个问题，而不是一个。详情参见 Tversky and Kahneman（1983：301—302）。

那么，为什么会犯这样的错呢？一个简单的回答是，在这些 137
段落当中，没有任何涉及银行、银行职员、教师等等的信息。因此，人们的注意力转向那些看上去与所讨论的材料最相关的选项。关于究竟为什么会是这样，存在一些争议，但我们在这里不想对此深究。如果你对此有兴趣，读《代表性判断》(Tversky and Kahneman 1982）是一个不错的开始。

关于概率的许多不同解释都有助于阐明这个谬误。可以考虑第四章中所讨论的赌博情景与合理赌商。一个理性人（面对一个精明的庄家），如果去赌两匹分别赢得各自比赛的马，而不是去赌那些赢得比赛的马当中的仅仅一匹，他就不会有更高的赌商。

有意思的是，研究表明，有些情况下人们不太可能犯这种合取的谬误，至少在下面这种情况下是这样：如果问题的提出是通过一种基于频率的方式，并提到了一个具体的**参照类**。例如，菲得乐（Klaus Fiedler 1988）就发现，如果他像下面这样提出“琳达问题”，犯合取谬误的人的比例会急剧下降：

有 100 个符合上述（琳达）描述的人。他们当中有多少是：

（a）银行出纳

（b）银行出纳，并且积极参加女权运动

到此我们就结束了对指定谬误的讨论。我们已经看出，根据概率的具体解释进行思考能够帮助我们阐明导致这些谬误的根由，并且能够帮助我们避免犯这些谬误。

五、蒙提·霍尔悖论

我之所以要列出这最后一节，部分原因是为了寻求一些乐趣，不过从它也可以得出一些道理来。我不但要表达一个相当迷人的悖论——至少它通常就被叫作“悖论”——我还要讲一个有
138 意思的故事，这个故事说的是很多傲慢的男性哲学教授在不赞同一名女性哲学业余爱好者（她放弃哲学学位而半途离开大学）的观点之后有多么丢脸。

这个故事讲的是 20 世纪 90 年代早期《展示》（*Parade*）杂志的沃斯·莎凡特·玛丽莲（Marilyn vos Savant）专栏“请问玛丽莲”当中提出的一个谜题。沃斯·莎凡特最知名的事，是她在智

商测试中得到的高分；她连续五年被载入吉尼斯世界纪录的“最高智商”之列。(顺便说一下，由于智商测试不可靠，这个项目后来被取消了。另外，沃斯·莎凡特童年时代的测试结果被误读为智商228，而根据测试说明书，当时最高的智商等级是“170 +”。顺带说一句，大约7岁时，我也做过一次儿童智商测试，也得到了170 +的分数。但很惨，我既没有得名，也没有获利。然而这是一个非常好的结果，因为我的学校要求把我送去看精神科医生。由于我的不当行为，他们认为我在**学**上有障碍。我怀疑他们在**教**上有困难。)

这个谜题——事实上，这只是我们的老朋友伯特兰(Bertrand 1888)提出的一个谜题的另一个版本——现在人们知道指的是他的**盒子悖论**(box paradox)，就是有些人所知道的“蒙提·霍尔问题”(the Monty Hall problem)(参阅Selvin 1975)——具体如下(参见vos Savant 2014)：

> 设想你在参加一个游戏节目，你可以在三扇门中选择一扇。其中的一扇门后面是一辆轿车，其他两扇门后面都是山羊。你选择了一扇门，比如说1号门，然而，知道这些门后面都有什么的主持人打开了另外一扇门，比如说3号门，这扇门后面是一只山羊。他对你说，“你想选2号门吗?”对你来说，改变你的选择对你有利吗?
>
> 惠特克(Craig F. Whitaker)
>
> 哥伦比亚，马里兰

下面是沃斯·莎凡特(vos Savant 2014)的回答：

> 是的；你应该改换自己的选择。第一扇门有三分之一的可能获胜，但第二扇门却有三分之二的可能性。我有办法让所发生的事情变得更加形象。假设有一百万扇门，你选择了1号门。然后，知道这些门后面有什么而且总是想避免打开后面有大奖的那扇门的主持人打开了除777777号门之外其他所有的门。这时候你就应该尽快改换到那扇门，不是吗？

139 沃斯·莎凡特的这个说法对吗？许多学者，包括数学教授都说“不对！”而且，在她为自己的回答做了更加详尽的辩护之后，他们仍然这样认为。下面这些是从学者们的信中选择摘录的一些好玩的说法，其中许多是从沃斯·莎凡特（vos Savant 2014）那儿摘过来的：

> 无论你是否改换自己的选择，胜算都是一样的。这个国家的数学文盲已经够多了，我们不需要“世上最高智商的人”来制造更多文盲。这是耻辱！
>
> 你把它搞砸了！……作为一名专业数学家，我非常关注普通大众缺乏数学技能这件事。只要你承认自己的错误，将来再小心一些，就是帮我的忙了。
>
> 如果你再次尝试回答这类问题，那么回答之前我能不能建议你找一本标准的概率教材读一读呢？
>
> 你会收到许多来自高中生和本科生谈论这个主题的信。或许你应该记下其中一些地址，以便帮你把将来的专栏搞好。

你犯了一个错误，但要看到积极的方面。如果所有那些博士都错了，那么这个国家将会遭遇很严重的危机。

哇！如果上面最后这句话是真的，既然所有博士都**是**错的（既然他们和沃斯·莎凡特共同认可一些假定，这些我们会在下面讲），那么，说这个国家实际上遭遇了“某种很严重的危机”会让人觉得好笑。要想搞清楚这是为什么，在游戏节目的不断重复当中，根据长期倾向性考虑问题会是有帮助的。

让我们仔细思考一下这个过程，循着我们的思考进程，列出相应的结果。

第一步：这辆轿车随机地放在这三扇门当中某一扇的后面。（这个假定说得并不清楚。在不改变这个结果的情况下，有可能其他东西占据了这个位置，例如，轿车被故意重复地放在同一扇门后面——或者一系列特定的门后面——但对于你来说，可 140
以在第二步随机选择一扇门。）

第二步：参与者选择一扇门。

结果一：从长远看，第二步被选择的门后面会有轿车的机会大约是三分之一（最多就是三分之一的机会）。

这里需要注意的是，第一步中做出的随机性假定（在原始问题或者在沃斯·莎凡特的回答所列出的那些假定中，它并不明显）十分重要。如果没有这个假定，下面这个就可能是真的了：例如，参与者总是选择第一扇门，而轿车总是放在第一扇门后面。现在让我们充分考虑余下的过程。

第三步：如果参与者选择的门后面有小轿车，那么主持人必须随机打开其他两扇门当中的某一扇。如果参与者选择的门后面没有小轿车，那么主持人必须打开没有小轿车在它后面、没有被选择的门。因此，主持人**通过一种并不能标示出小轿车在哪里的方式**，打开一扇没有小轿车在它后面、没有被选择的门。

（这是原始问题和沃斯·莎凡特的回答中被忽略的又一关键假定。然而，沃斯·莎凡特**确实**明确要求主持人“总是避开可以获奖的那扇门”。）

结果二：主持人在第三步的行动**决不会改变**结果一，也就是说，第二步选择的门会有三分之一的概率后面有小轿车。从这一点——以及小轿车在第三步之后仍然没有被打开的两扇门当中的某一扇后面的事实——可以推出，在**第二步没有被选的**、没有打开的门后面有轿车的概率是三分之二。

第四步：参与者有权利改变他们对门的选择（改为选择**第二步没有选**、没有被打开**的门**）。

141 第五步：参与者将赢得自己所选择门后面的任何东西。

结果三：改变对门的选择，将有三分之二的概率赢得小轿车。

如果你仍然不相信，你可以亲自去做一次这个实验。或者如果你用网络搜索“蒙提·霍尔模拟器”（Monty Hall simulator），你就可以找到一个在线的计算机模拟器。（在我写本书的时候，网址是http：//stayorswitch.com。）但关键在于，要弄明白在这个问题当中**没有**出现、却在第三步之后提到的那些假定究竟起到了什么样的作用。为了说明这一点，设想第三步有所不同。设想主持人**必须**打开未被选择的门之一，但他并不知道小轿车在哪里，因此，他打开的门后面**可能**会有小轿车。如果他打开的门后面**确实**有小轿车，那么在第四步执行之前游戏就会结束（参与者只赢得了一只山羊）。在第四步改变对门的选择的长期倾向性**现在来看是不同的**。我们来这样考虑吧。有三分之一机会，参与者一开始就会挑选出正确的门。另外三分之一机会，主持人将在（修改过的）第三步挑出正确的门。（如果这还不是那么明显，那就像下面这样来设想。有三分之二机会，参与者没有挑出正确的门。主持人只有**一半**的机会打开后面有小轿车的门。于是，主持人总共有三分之一的机会找到小轿车；因为三分之二乘以二分之一等于三分之一。）在最后三分之一的机会里，游戏将会到达第四步，小轿车将会在参与者一开始**没**选、没有被打开的门的后面。于是，总共只有三分之二的机会到达第四步。在这一点上，会有一半的机会，小轿车就在第二步所选的门的后面。有另一半的机会，它会在另外一扇未被打开的门的后面。因此，在第四步改变对门的选择没有任何好处（或坏处）。

从这个故事可以总结两点。第一点，如果不经过仔细并且系统的分析，看上去简单的概率问题也可能会变得很棘手，这一点也得到了本章前面几个部分我们所讨论的其他发现的支持。而且在很多情况下，如果能根据不同的解释进行思考，将能够帮助我们更好地理解这些问题。

第二点，在试图处理概率问题之前，一定要确定这个问题得 142
到了明确的界定，这一点很重要。而根据不同的解释进行思考，有时候能够帮我们搞清楚一个概率问题的意义是否已经得到了明确的界定。在这里，根据长期倾向性思考概率问题被证明是有帮助的，**因为它把注意力集中在了过程或者系统上面**。（另一方面，根据对于后果的置信度思考概率，就不一定有这样的功效了。）

推荐读物

本章参考了很多讨论上文谬误的心理学成果。要想寻找推理当中所犯的相同错误的细节，一本好玩的入门书——它对我们讨论过的一些谬误进行了更多的阐述——是《统计之失：完全手册》(Reinhart 2015)。也可以访问网址：www.statisticsdonewrong.com。

第十章　人文科学、自然科学和社会科学中的概率

到此，距离本书结束就已经不远了。在收尾之际，我们想看 143
一看概率的解释是怎样对我们理解（有时候是应用）来自人文科学、自然科学和社会科学的理论选择产生影响的。我们将考察来自哲学、生物学、经济学与物理学的四个具体领域：确证理论、孟德尔遗传学、博弈论和量子理论。

一、确证理论

这是科学哲学家们长期关注的一个问题：当我们说一个理论被证据确证或者否证时，这话究竟是什么意思？毕竟大多数人，包括科学家们都认为，当代科学的核心理论已经得到了人们所能把握的全部证据的确证，尽管他们也认识到，这些理论不能从这

样的证据衍推出来。理解确证是如何发生的，对于研究科学方法也可能会有某些影响。例如，一个有趣的争论涉及这个问题：如果仅仅是理论与已知的证据**相符**，而非得出**新颖的预测**，理论是否可以得到确证。

144 现在看来，下面这个想法是很自然的：确证有程度之分，它能够通过数量值进行测量，这是因为，相互竞争的不同理论能够被相同的证据进行不同程度的确证。例如，和 T_2 相比，T_1 可能会得到 e 更强的确证，而同 T_1 或者 T_2 相比，T_3 得到 e 的确证可能会更强。因此，如果我们把一个理论 T 被给定证据 e 确证表达为 $C(T, e)$，我们就可以说，在这样的情形下，$C(T_3, e) > C(T_1, e) > C(T_2, e)$。这里有一个简单的例子。设想这里的理论说的就是从 10000 次抛掷硬币得到正面朝上这一结果的相对频率。令 e 代表“在前 100 次抛掷当中，正面朝上的相对频率是 0.55”。令 T_3 是“总体来说，出现正面朝上结果的相对频率将在 0.45 和 0.55 之间”，T_1 是“总体来说，出现正面朝上结果的相对频率将在 0.49 和 0.51 之间”，T_2 是“总体来说，出现正面朝上结果的相对频率将在 0.7 和 0.72 之间”。显然，$C(T_3, e) > C(T_1, e) > C(T_2, e)$。

说出“爱因斯坦的广义相对论有可能是真的”这样的话也是很自然的，这是下面这些说法的非正式表达：“**相对于可以把握到的证据**，爱因斯坦的广义相对论有可能是真的”，以及“爱因斯坦的广义相对论被高度确证”。而这也许并不是巧合。我们应该说“T（相对于 e）是高度可能的”**等值于**“T（被 e）高度确证”吗？针对这个问题的一个流行但并非唯一的回答是“是的”，$C(T, e) = P(T, e)$。这也是一种相当方便的观点，因为如果这样的话，附录 B 中讨论的带有实例的贝叶斯定理，就可以用来计算确证值是多少了。

如果一个理论的确证就等同于它的概率，那么显然，对概率的解释就会大大影响我们对确证的理解。（很快我们就会讨论**到这种影响是如何发生的**。）但是，也有许多人认为确证和概率**不一样**——也就是坚持认为 $C(T, e) \neq P(T, e)$ ——尽管如此，这些人仍然认为确证应该用**概率进行定义**。例如，一种观点是，要想知道某个证据（e）在多大程度上确证一个理论（T），可以通过考虑这个理论在多大程度上“预测”了这个证据进行测量：$C(T, e) = P(e, T) - P(e)$。（这个算式可能会得到一个负值，这样的话，它就**不是**一个概率了。）因此，当涉及科学理论的时候，我们是如何解释概率的，这会对确证的许多（可能和现实 145
的）说明产生重要的影响。

概率究竟是如何发挥作用的呢？一个至关重要的方面关系到科学中确证的**客观性**。例如，如果所涉及的概率是纯主观的，那么在任何时间和地点，对于科学理论如何被确证这样的问题，就不存在任何**客观的**回答了（也许除非这个理论和发现的证据之间**不相容**）；确证值可能会因为理性人的不同而发生显著的差异。因此，说“T 被 e 高度确证”时应该同时提出这个问题：“对谁而言？”假如一个科学家和一个牧师，每一方的置信度都满足概率公理（以及其他在第四章提到的一些次要限定——例如遵守衍推关系），那么，只要他们都认可相同的证据，就没有任何明显的理由让我们认为科学家的观点会比牧师的观点更好一些。如果概率被理解为纯粹属于主体间的，某种类似的事情就会是真的；确证值可能会随着群体的变化而发生合理的变化。例如，天主教会和英国皇家天文学会就可能会理性地偏好不同的天文学理论，尽管他们所接受的是相同的证据（例如使用望远镜得到的观察陈述）。

相比较而言，按照概率的逻辑观点（在某些情况下，指的是客观贝叶斯主义观点），证据和理论之间的关系是**唯一且固定的**。因此，如果天主教会和英国皇家天文学会对哪个天文学理论可以被所能把握的证据更强地确证存在不同意见，那么这两个群体当中至少有一个**必定**是错误的。

为了更加精确地阐明这种差别，让我们考虑上面提到的使用 $\mathrm{C}(T, e) = \mathrm{P}(e, T) - \mathrm{P}(e)$ 进行测量的历史场景。这涉及所谓的“泊松亮斑”(Poisson bright spot)。1819 年，法国科学院宣布，他们的年度特别奖将会颁发给他们收到的研究光的衍射问题的最佳论文。(从现代的观点看，衍射将在后面关于量子力学的部分进行解释；现在我们不需要涉及其中的细节。）菲涅耳（Augustin Fresnel）是该奖项的竞争者之一，他在所提交的论文当中发展了一种光的**波动**理论。然而，评委会的几名成员更加偏好一种光的
146 **粒子**理论，根据这个理论，光是由微粒构成的。持这种观点的一名评委泊松（Simeon Poisson）表明，如果菲涅耳的理论是正确的，那么当一个不透明的圆盘被照亮时，一个亮斑将会出现在投影的中心。而他让自己以及他的评委同事们知道，并没有这样一个亮光斑出现。也就是说，这些是以关于影子的日常经验为基础的。(艺术家们也通过几何投影法，把影子画成了实心片状。）由此，他论证说菲涅耳的理论是错误的。然而菲涅耳很幸运，评委会主席阿拉戈（François Arago）坚持要做一下泊松所描述的实验。最后这个亮斑还是被找到了！见图 10.1。

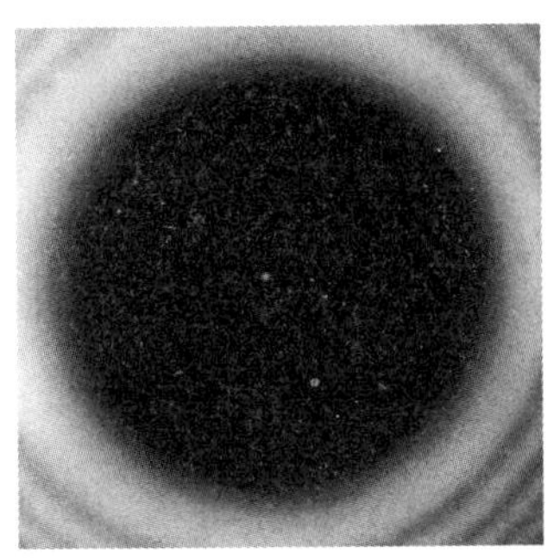

图 10.1　泊松亮斑

经许可复制于《美国物理学杂志》(*The American Journal of Physics* 44：70)。版权归属美国物理教师协会 P.M. 瑞纳德（P. M. Rinard），1976。

菲涅耳因此获得了特别奖！依据我们关于 $C(T, e)$ 的等式，我们可以通过下面这样的阐述来理解这一点。泊松亮斑的存在 (e) 至关重要，因为它是菲涅耳光的波动理论 (T)（以及其他没有争议的断言）的一个推论，但它事先是**“未被期待的”**。$P(e, T) = 1$，而这里的 $P(e)$ 极其低，因此 $C(T, e)$ 会非常高。[我提到了“其他没有争议的断言”。如果需要，我们可以明确提到背景信息 (b)，其中包括我们的确证公式中旧有的证据；也就是说，使用 $C(T, e, b) = P(e, T\&b) - P(e, b)$。我之所以省去 b，只是为了让公式更简单一些。]

我们应该如何理解在表明亮斑存在的这个实验开展之前，上 147
面所用的**“未被期待的”**，也就是 $P(e)$，为什么会是极低的呢？这里就是概率的解释显出其重要性的地方了。评委们难道只是因为**碰巧**没有预测到它的存在而对这个预测感到**意外**吗？（对于评委群体的成员来说，其个人概率也是绝对低的吗？）可见，这个实验所产生的力量似乎是纯粹心理学上的。另一方面，给定实验之前就可以把握到的信息——也就是按照概率的逻辑或者客观贝叶斯主义观点，如果对 P(e) 仅有的理性置信度非常低，这个实验似乎就已经具有某种**客观的**力量了。它揭示了一个现象：**（基于被认可的证据而）提前相信什么，是不合理的**。菲涅耳的理论预测到了这个现象的存在。

总而言之，在确证理论的语境中，我们看待概率的方式能够对我们如何理解得到良好确证的当代科学理论的认知地位会产生很大的影响。

二、孟德尔的遗传学

19 世纪，孟德尔（Gregor Mendel）用豌豆做了大量植株育种实验，并播下了这些现代遗传学的种子——是的，这个蹩脚的双关正是我们想要的！具体而言，他感兴趣的是：不同的**特性**是如何得到遗传的。例如，如果一株黄色豌豆和一株绿色豌豆杂交，得到的豌豆会是什么颜色？如果一株高的豌豆和一株矮的豌豆杂交，得到的会是什么？得到的植株会有多高呢？

孟德尔发现，关于这样的特性如何遗传，存在着固定的模式，而这些模式并不（像许多人想象的那样）只是简单的“混合”。例如，当杂交豌豆当中的一方是紫花，而另一方是白花的时候，后代的花并**不**是粉色。我们可以通过更详细地考察孟德尔的结果看到，它们或者是白色或者是紫色。

孟德尔首先杂交了白花植株和紫花植株，结果只得到了紫花
148 植株（第一代植株，即 G1。然而，之后他允许 G1 植株自花传粉，并产生了下一代植株（G2)。他发现 G2 当中大约四分之一

是白色，而另外四分之三则是紫色。（他关于 G2 的具体结果如下：705 株是紫色的花，而 224 株植株是白色的花。因此，G2 植株当中是白花的概率似乎是四分之一，G2 植株中是紫花的概率似乎是四分之三。）

孟德尔通过假定每一株豌豆包含**一对**决定其颜色的基因来解释这种现象。他还假定在豌豆植株当中只存在两个**类型**的颜色基因（或者两个对偶基因）。让我们称它们为 *X*（代表紫色）和 *x*（代表白色）。孟德尔的想法是：一开始他用来杂交的植株包含了序对 *XX* 和 *xx*。所得到的植株会从其父母那里分别获得一个基因，因此最终只能是 *Xx*（或者 *xX*，这是相同的组合，次序无关紧要）。我们可以用一张图表来表明这一点，这个图表被称为“庞尼特方格”（Punnett square，见图 10.2）。这是以英国基因学家庞尼特（Reginald Punnett）命名的。（最近我发现我跟他上过同一所学校，当然这是在几十年之后。这个概率是多少呢？）来自精子的可能**对偶基因**表示在该图表的一侧——在这里就是来自 *xx*（白花）植株；来自卵子的可能对偶基因表示在该图表的顶部——在这里也就是来自 *XX*（紫花）植株。

	X	*X*
x	*Xx*	*Xx*
x	*Xx*	*Xx*

图 10.2　父母杂交的庞尼特方格

因此，只要 *X* 对偶基因**支配着** *x* 对偶基因，所有后代植株 149
（在 G1 中）就都会是紫花。而孟德尔认为，他的实验就表明了 *X* 对 *x* 的这种支配性。（通常的做法是用大写字母表示显性对偶基因，用小写字母表示隐性对偶基因。）

现在，当 G1 中的植株（通过自花传粉）再生产的时候，得到 XX 后代和 xx 后代的可能性如图 10.3 所示。更精确地说，精子和卵子可能同时既包含了 X 对偶基因，或同时包含了 x 对偶基因。因此，白花后代（xx）会再次出现。

你会看到，概率会在图 10.3 当中标记出来。我的想法是：精子包含 X 的概率等于精子包含 x 的概率，并且精子只能包含 X 或者 x。如把上面句子中的“精子”换成“卵子”，则同理。因此，每个内部方格的概率——正如我们将会看到的，它是通过相关行（精子对偶基因）的概率与相关列（卵子对偶基因）的概率相乘来确定的——也是相等的。因为 Xx 出现两次，所以它的总概率是二分之一；XX 和 xx 的概率都分别等于四分之一。

	$X\left(P=\frac{1}{2}\right)$	$x\left(P=\frac{1}{2}\right)$
$X\left(P=\frac{1}{2}\right)$	$XX\left(P=\frac{1}{4}\right)$	$Xx\left(P=\frac{1}{4}\right)$
$x\left(P=\frac{1}{2}\right)$	$xx\left(P=\frac{1}{4}\right)$	$xx\left(P=\frac{1}{4}\right)$

图 10.3　G1 自花传粉的庞尼特方格

现在让我们来考虑一下该如何解释这些概率。这是一个很有意思的事例，因为我认为只有唯一一种正确的解释。我的论证如下。首先，使用基于世界的概率是恰当的，因为我们正在处理这个世界上真实存在的频率，我们想要**解释**的正是这种频率的存
150 在。我想这样来考虑问题。（假定两种类型的对偶基因负责解释初始植株的颜色，在我们所讨论的每个豌豆植株中，这样的对偶基因的序对是存在的，这些我们在上面讨论过。）**以下情况反而本可能是真的：精子更可能携带 x 而不是 X，而卵子同样更可能**

携带 x 而不是 X。也就是说，由于某个原因，x 比 X 可能更容易被携带。于是，在孟德尔的实验当中，在 G1 自花传粉阶段，xx（白花）后代的频率（可能，如果稳定性法则成立的话）将会大大提高。因此，所测量的频率是一个有趣的经验事实。

其次，让我们来考虑一下：哪一种基于世界的解释是合适的。我们要说这些概率**正是**实际的频率吗？不会，因为实际频率和我们想要的数字还是不一样的$\left(\text{例如，}\frac{224}{705}\text{不是}\frac{1}{3}\right)$。这样的话，我们要说它们是假定式频率吗？要想**解释**为什么假定式频率会取这些值，那就只能接受根本就不存在倾向性这个结论了。（应当承认，我们**可以**接受倾向性的存在，但却坚持认为这些不应该被称为“概率”。但在这里我们不打算认真考虑这种可能性，因为这会大大分散注意力。）因此，在转回到相对频率解释之前，我们应该考察的是概率的倾向性观点。

第三，让我们考虑一下，倾向性观点的哪个版本可以达到预期。例如，图 10.3 涵盖了这种情境中的**单一事例倾向**了吗？好像没有。考虑单个卵子与单个精子相遇。这里存在一个该卵子是否携带 x 或者 X 对偶基因的事实问题，对精子同样如此。因此，在涉及杂交的任一单一事例中，存在一个杂交所得结果的植株会是什么花色这么一个事实问题。

因此，对庞尼特方格来说，长期倾向性观点似乎是一种正确的解释。正如任何一种（可能的）类型都有与其他类型（大致）一样多的精子，任何一种（可能的）类型也都有与其他类型（大致）一样多的卵子。没有任何障碍能够阻止任何特定类型的精子与任何特定类型的卵子结合。因此，这个系统当中不存在什么东西支持具体类型的结合；从长期来看，可以期待：任何一种可能的结合所发生的次数，与其他任何一种可能的结合所发生的次数，（大致）是同样多的。

151 让我们再用一次 G1 当中自花传粉（图 10.3 所描述的）的例子吧。（长期来看）携带 X 的卵子与携带 x 的卵子（大约）一样多，并且（长期来看）携带 X 的精子与携带 x 的精子（大约）一样多；另外，存在着许多卵子和精子，它们有许多进行结合的机会。任何一个精子都可以自由地与任何卵子结合。这个系统中任何东西都不支持两类卵子中的哪一类与两类精子中的哪一类相结合。因此，下面这个期待是合理的：从长期来看，携带 X 的卵子与携带 x 的精子相结合的频率，跟它们与携带 X 的精子相结合的频率（大致）相等，如此等等。

你可能会想得更深入一些。你也许已经注意到，我并没有考虑**如何或者为什么**（从长期来看）最后将会证明每种可能的类型都有（大致）一样多的精子（或卵子）。于是**在这个更为根本的层面上**，可能就没有单一事例倾向性在起作用？为了回答这个问题，我们需要考虑精子和卵子是如何产生出来的，而这样就会让我们陷入更加复杂的境地。然而对我来说，现代生物学好像把这当成了一个确定的过程；因此，我认为有理由相信，每种类型的精子和卵子的频率也要归因于长期倾向性。

三、博弈论

顾名思义，“博弈论”就是关于如何成功进行博弈的理论。

博弈论比它初看上去的还要重要，因为日常生活中有许多情境都像是博弈（或者称其为类博弈更合适，因为它可以被这种理论所涵盖）。例如，博弈论就涵盖了如下这种情况：两个轿车司机在一条狭窄的乡村小道迎面相遇，其中一个人不得不先退后一段距离，以便让另一个人通过。考虑这个情境。如果这两个司机都拒绝倒车，那么谁也不会准时到达自己想去的地方。这两个人当中，谁先退后，以便让另一个人通过，谁就会比另一人更慢到达自己的目的地，因为先退后者会失去先机。因此，我们可以把这看成是一个包含这两个司机的博弈。

概率在博弈论当中有多么重要呢？首先让我们来考虑一个被
大量讨论过的、有两个人参与的博弈，也即“囚徒困境”。两个 152
人一起犯罪之后被捕，被警察单独讯问。这两个人谁也不能与对方交流，也都不在意对方会怎么样。每个人都要做出一个选择。每个人都可以通过指控自己的同伴与罪行有牵连而选择**背叛**，也可以通过拒绝如此而选择与另一个人进行**合作**。他们知道，如果两个人都选择**合作**的话，那么每个人都会获刑入狱一年。他们也知道，如果两个人都选择**背叛**，那么每个人都将获刑入狱两年。同时他们还知道，如果一人**背叛**而另一人**合作**的话，前者将会被无罪释放，而后者将会获刑入狱三年。最后，这两个囚徒也都知道，这场博弈不会重复进行，谁也没有机会被对方报复。

图 10.4 描述了博弈的结果。0 代表不获刑，−1 代表获刑一年，以此类推；我们假定获刑两年之坏的程度是获刑一年的两倍。（如果需要，为了确保这种衡量对于参与者来说是正确的，可以把这种惩罚替换成其他惩罚。）例如，底部右下角表示的是博弈参与人甲获刑两年，博弈参与人乙获刑两年。两名参与人的

情境是**对称的**，因为我们可以把“参与人甲”与“参与人乙”这两个标签互换，而该图表仍可以精准地表示给定选择之下得到的结果（惩罚）。

		参与人乙	
		合作	背叛
参与人甲	合作	− 1，− 1	− 3，0
	背叛	0，− 3	− 2，− 2

图 10.4　对称的两人囚徒困境

现在我们可以用概率计算一下：两名参与人中的任何一方，如何通过对另一参与人的**合作**或者**背叛**指派概率从而**减轻预期的判决**。于是，令参与人乙**合作**的概率是 n，因此**背叛**的概率就是 $1-n$。参与人甲对**合作**的预期判决是 $-1(n)+[-3(1-n)]=2n-3$，而对**背叛**的预期判决是 $0(n)+[-2(1-n)]=2n-2$。
153 在这种情况下，概率值最后证明是不相关的；对**合作**的预期判决总会比对**背叛**的预期判决长一年。[你也可以通过逐步（stepwise）推理搞清楚这一点。设想参与人乙选择**合作**。此时对于参与人甲来说，最好是选择**背叛**。设想参与人乙选择**背叛**，则对参与人甲来说，最好是选择**背叛**。因为参与人乙只能或者**合作**或者**背叛**，所以对参与人甲来说，选择**背叛**总是最好的。]

		参与人乙	
		鹿	野兔
参与人甲	鹿	2，2	0，1
	野兔	1，0	1，1

图 10.5　对称的猎鹿博弈

然而也存在着类似的博弈，而其中的概率值却**是**相关的。考虑一个不同的对称博弈的例子，也即“猎鹿博弈”，如图 10.5 所示。该博弈背后的思想是这样的。（不过也请注意：早些时候我已经暗示过，还有很多别的情境也可以被有效地表达为“猎鹿博弈”。）两个参与人都是猎人，他们都不得不选择是捕猎一头鹿还是去抓一只野兔（为的是给他们自己或者家人提供食物或者其他有用的东西，比如皮毛）。要想捕猎一头鹿，需要两个参与人一起参与才行，也就是说，如果他们彼此合作，就能做到（即两人都选择**鹿**，类似于以上囚徒困境，你可以认为这就是一个**合作**选项）。但是，如果一名参与人选择不合作的话，就只能确保抓住一只野兔。因此，如果一名参与人去捕猎鹿，而另一名参与人却去抓野兔，那么前者最终将会一无所获（当然，另一名参与人将会抓住一只野兔）。对每名猎人来说，如果抓到动物的话，一头鹿的价值会是一只野兔价值的两倍。（图 10.5 当中的每个数字都可以说表示一个**效用**，或者能从捕猎中获得的最终的满足。**效用**是经济学和博弈论当中的一个重要概念，但我们在这里不能深入讨论它。如果你愿意，你可以想象猎人们会杀死动物，将兽体卖掉，并把数字看成表示货币收入的单位，比如十美元。这样你就可以在以下谈论中用“期望收入”替换“期望效用”。）

现在就让我们从参与人甲的角度来做一次概率演算，这和 154
我们在上面的囚徒困境中所做的演算是类似的。（同样，我们假定参与人甲只对利益最大化感兴趣。）令参与人乙参加捕猎一头**鹿**的概率是 n，他独自去捕捉一只野兔的概率是 $1-n$。参与人甲对选择**鹿**的期望效用是 $2n+0(1-n)=2n$，而对选择**野兔**的期望**效用**是 $1n+1(1-n)=1$。因此，如果 $2n>1$——即

$n > 0.5$——那么选择**鹿**对于参与人甲来说就是较好的选项。但如果 $n < 0.5$，那么选择**野兔**对于参与人甲来说就是较好的选项了。

现在我们来考虑一下如何解释这里的概率。事实上，在这个情境中，既能使用基于信息的观点，又能使用基于世界的观点，因为我们可以考虑（a）已知一个参与人本人的期望（以及 / 或者他所拥有的关于一个场景的相关信息），这个参与人怎样去做才是合理的，或者考虑（b）已知一个参与人身处其中的情境，对他来说做什么实际上才是最好的。

让我们首先来考虑第一种方式（a），我们使用概率的主观解释进行说明。假设参与人甲认为参与人乙选择鹿的概率，也就是 n，仅仅是 0.4。（他还认为，参与人乙选择野兔的概率是 0.6，等等。他的所有关于博弈的置信度都满足概率公理。）如果参与人甲选择了**鹿**——而他只对自己在该情境（或者“博弈”）当中的利益最大化感兴趣——那么，他就做出了**不合理的**行动。实际上，我们可以认为博弈论恰好表明了这一点——在已知了他的价值和个人概率的情况下，他应该怎样去做。

但是我们也可以按照第二种方式，也就是（b）来考虑一下；为了搞清楚要怎样去做才好，让我们使用一种极限情况下的相对频率观点（忽略这个观点可能存在的一些问题）。现在我们不关注参与人甲想什么；我们只对什么策略能让他在**该博弈的一系列无限重复当中**获胜最感兴趣。n 的值告诉我们在极限情况下这种相对频率是多少，参与人乙正是利用它而选择去捕鹿。如果它小于 0.5——并且这是**我们所拥有的关于参与人乙将如何去赌的唯一信息**——那么，对参与人甲来说，最好的策略是每次都去选择**野兔**。

有时候，当我们考虑一系列博弈的时候，我们也想把下面这 155
一点考虑进去：每次重复的结果**将不是独立的**。例如，设想在第一次博弈中，参与人甲选择了**野兔**，而参与人乙选择了**鹿**。在第二次博弈中，结果是参与人乙也许想通过选择**野兔**来“惩罚”参与人甲。另一方面，只要看到参与人甲在过去（这一点上）重复选择了**鹿**，参与人乙也许会在任意给定的博弈中都倾向于选择**鹿**。当我们根据基于世界的概率考虑问题的时候，像这些更为复杂的考虑也可以被考虑进去。例如，我们可以特别地把参与人乙所做出的回应范围内的相对频率，看成是特定的博弈的**子集**，例如参与人甲基于前面几个回合的博弈而选择**野兔**的那些博弈的子集。但在这里，我们就不打算进一步考察这些可能情况了。

四、量子理论

即使你几乎不懂物理学，那也不要担心。不像你想得那么难！这里我不打算深入介绍量子理论。不过，量子理论很有意思，因为概率就是它的内在**组成**部分。换言之，概率是量子理论的数学基础部分。但对这种数学应该如何**解释**，却是另外一回事。关于这一点，在物理学家和物理哲学家当中，仍然还有很大的分歧。

为了让我们的讨论更加集中，我将使用一个单独的例子。它涉及的是**衍射**，当波遇到障碍物的时候就会发生这种现象。波与波之间相互干涉。在浴池里玩耍时就很容易看到这些。往里面扔一个东西，你就会看到美丽的环形波纹在水面出现。相隔一段距离，把两个同样的东西扔进去，你就会制造两轮相遇的波。这种干涉在某些地方会是**破坏性的**——也就是说，这些波将会部分或者全部相互抵消。（假如波峰的高度与波谷的深度相等，那么，当一轮波处在波峰，而另一轮波处在波谷时，这两列波就会完全
156 相互抵消。）而在其他地方，这种干涉将是**建构性的**——也就是说，强度将会增加。（如果两个波峰相遇，就会产生一轮更高的波峰。如果两个波谷相遇，结果将会得到一轮更深的波谷。）

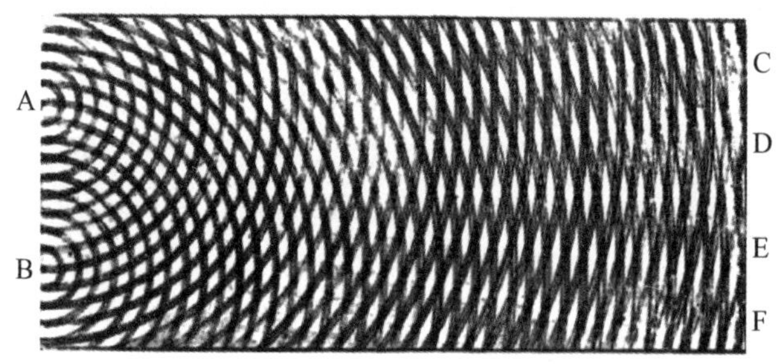

图 10.6　杨氏干涉实验示意图［维基共享资源 /Quatar］

物理学中有一个经典实验，最早是杨（Thomas Young）在 1803 年做的，这个实验让从一个光源发出的光穿过两条狭窄的缝隙。这个实验产生了一种干涉图案，杨认为这个实验支持了“光是一种波”的假说。（在杨做实验的那个年代，科学家们对于光是波还是粒子存在争议；他和我们前面讨论确证理论部分时提到的泊松、菲涅耳与阿拉戈大致处于同一时代。然而现在一般认为光具有**波粒二象性**，原因我们稍后会谈到。你不必按照字面意思来理解。准确地说，你只需要承认，光在有些情境中**表现得**像波，而在其他情境中**表现得**像粒子。）杨自己的实验示意图如图 10.6 所示。

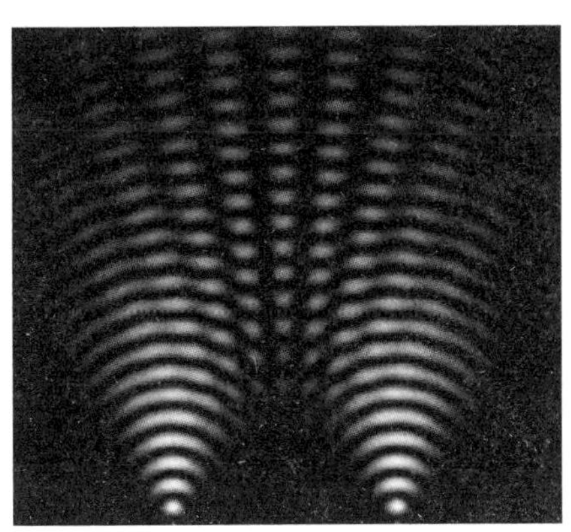

图 10.7　杨氏干涉实验［维基共享资源 /Ffred］

图 10.6 作为一个示意图，就光波如何相遇提供了一个很好的展示。实际实验中得到的模式如图 10.7 所示。完全有可能对环形水波制造同一类型的图案，就像我在前面提到的那样，可以尝试着在平静的水面上有节奏地轻轻投下两个同样的东西。如果你的手法得当，你会看到一个固定模式的图案。最好是挑一大片通亮的水面去试试。

对于光来说，可以用一个与缝隙所在的平面平行的屏幕来观 157
察衍射的效果。这样一个平面上的光的强度变化如下图 10.8 所示。(a) 部分表明了屏幕上的影像是如何出现的；光在中间最明亮，随着向外侧移动，逐渐变暗。(b) 部分生动地表明了光的强度，让我们更容易理解它是如何变化的（至少是在像这样的一本书里面）。

（a）

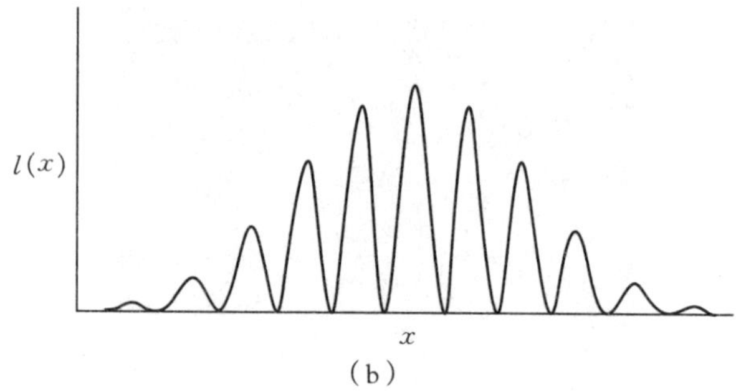

（b）

图 10.8　杨氏干涉实验中屏幕上光的影像与强度

总而言之，从单一光源发出的光，在穿过两个缝隙的时候，会产生一个干涉图像。光的**强度**会有所变化。有一种简便的方法可以让我们观察它在平面上是如何变化的，那就是使用一个屏幕。

现在就到了真正让人感到意外的地方了。当我们用电子（我们倾向于认为电子就是粒子）重复这个实验的时候，**出现了同样类型的图案**。而更令人感到意外的是，当电子被**一次性激发**的时候，这个图像**仍然**可以建构出来。（发生碰撞的位置可以记录下来。）因此，有些地方是单独一个电子能够到达的，而其他地方它却不能到达。但是，量子理论并没有预测单独一个电子究竟会到达何处。它只给出了电子将会到达其能够到达的每个地方的**概率**。

那么，上面这些告诉了我们关于世界的什么东西呢？让我们来看概率的解释。我们比较一下依据单一事例倾向性进行的思考和依据基于信息的概率进行的思考。如果我们使用前者，我们就
158 应该得出**非决定论能够**成立的结论。给定其初始状态（即离开电子枪之后的状态），关于任意单个电子将会通过哪个缝隙，或者

它将会出现在屏幕的什么地方，不存在任何事实问题。这个结果**并不唯一地决定于**初始条件和自然法则，尽管它会**受限于**这些。（由于有些结果是**不可能的**，因而说它是“受限的”。）

反过来，假使我们认为概率是基于信息的，情况会怎么样呢？如果这样的话，我们可以继续认为**决定论**是成立的。给定其初始状态，我们可以认为关于任意单个电子将会通过哪个缝隙，**存在**一个事实问题。另外我们还可以认为，关于它将会遵循的具体轨道，也存在一个事实问题。但我们可以认为，这个事实问题**超出了我们的决定能力的范围**，因为它也**超出了我们充分精准地判定电子的初始状态的能力范围**。我们可以说，在这种电子干涉实验当中建立起来的系统是**混沌的**，因为初始条件当中很小的 159
（不可测量的）差异会导致最后结果大有不同。

你可能想知道选哪一个才是对的。然而这是一个争议极大的问题（我刚上大学的时候花了好长时间为这个问题感到烦恼）。我现在的观点是：我们根本就不知道哪一个是对的。（因此，我并不认为量子理论提供了关于世界是非决定论的证据，即便假定该理论是真的。然而我确实相信，当人们学习量子理论的时候，遵照决定论的方式**进行思考**是合适的。和经典与常识（folk）物理学相比，这样进行思考要比根据单一事例倾向性进行思考，更容易让人把握和理解。）如果你学习的是物理学，而且有志于在这些问题上多学一些，那么《量子力学：历史偶然性和哥本哈根霸权》（Cushing 1994）是一个很好的起点。或许你也会喜欢上鲍姆（Bohm）对量子力学的（决定论）解释。

五、结束语

最后这一章告诉我们：在科学以及科学之外，概率是怎样被广泛应用的。同时它也表明，我们在理论中如何（能够）解释概率与我们如何（能够）理解这些理论有着相当密切的关系。有时候，尽管我们并不清楚概率在一个理论中应该怎样进行解释，但这个理论在预见性方面可能会是成功的；例如，量子理论就是这样的理论。在其他时候，一个理论的成功之所以是可以理解的，是因为其中涉及的概率应该按照一种特定的方式来理解；可以理解，这正是孟德尔遗传学所面临的情境。其他情况下则似乎是这样：用不同的方式理解概率性讨论，会让理论在不同方面得到运用，也就是提升它的可用性；讲到博弈论的时候我们就看到了这一点。

推荐读物

对确证理论的中级层次的介绍，参阅《概率和归纳逻辑导
160 论》(Hacking 2001)。捍卫主观方案的中高级主要文本是《科学
推理：贝叶斯方法》(Howson and Urbach 2005)。

对博弈论的中级层次的介绍，参阅《博弈论导论》(Tadelis 2013)。关于博弈论中概率的解释的高阶讨论的一个有趣的例子，参阅《主观概率和博弈论》(Kadane and Larkey 1982）和《主观概率和博弈论：评卡登和拉基的论文》(Harsanyi 1982)。

对孟德尔遗传学的介绍，参阅《遗传分析导论》(Griffiths etc.2000：第二章)。(在如下网址你可以找到本章谈到的孟德尔实验的节选：http：//www.ncbi.nlm.nih.gov/books/NBK22098/。) 关于生物学中概率的更多中到高级的解释，参阅《进化论中的概率解释》(Millstein 2003）的进化理论。

对量子理论的介绍，参阅《量子力学和经验》(Albert 1994)；《量子力学：历史偶然性和哥本哈根霸权》(Cushing 1994）针对鲍姆的版本提供了最容易让人理解的介绍。《受控双缝电子衍射》(Bach etc. 2013）通过一种更容易理解的方式介绍了最近所做的一个关于电子衍射的实验。关于量子力学中的概率问题存在大量的研究论文，这些论文一般都是聚焦于该理论的一个版本或者其他版本，很难具体推荐哪些出来。(在网站 www.philpapers.org 上搜索“概率量子力学”，你就会明白我的意思了。)

附　录

附录 A：概率公理与法则

161　我们在第二章解释过，概率论是 17 世纪发展起来的。在随后的几个世纪，概率得到了广泛应用；支配概率的主要法则，也就是加法法则与乘法法则，已是尽人皆知了。然而直到 20 世纪，概率论都还没有得到严格的公理化。

第一个公理系统是数学家柯尔莫哥洛夫（Andrey Kolmogorov）于 1933 年提出来的。这是最著名的一个公理系统。但是，还有其他很多替代性的公理系统。在这里，我就要使用这样一个替代系统，因为柯尔莫哥洛夫的公理并没有包含乘法法则，或者有关条件概率的任何陈述。（对条件概率的完整解释参阅第三章。）柯尔莫哥洛夫使用了只涉及非条件概率的公理来**定义**条件概率。但是，这样做就是假定了谈论条件概率**实际上**就是在谈论非条件概率。按照第三章与第四章所论及的基于信息的解释（在那里命题或信念之间的关系是核心)，以及第七章与第八章所论及的基于世界的解释（在那里，属性与集合体或者结果与可重复条件之间的关系是核心)，我更愿意把条件概率当作基础的和初始的。

以下公理是以那些德·菲尼蒂所喜欢并在《概率的哲学理论》(Gillies 2000：第四章）中使用的公理为基础的。然而一个关键的差别在于，他们并没有假定概率涉及的是事件而不是命题。 162

1. 对任意事件（或命题）E，$0 \leqslant \mathrm{P}(E) \leqslant 1$。

2. 当 Ω 是一个确定的事件（或命题）时，$\mathrm{P}(\Omega)=1$。

3. 当 E_1，⋯，E_n 是互不相容且穷尽无余的事件（或命题）时，$\mathrm{P}(E_1)+\cdots+\mathrm{P}(E_n)=1$。

4. 当 E 与 F 是任意两个事件（或命题）时，$\mathrm{P}(E \& F)=\mathrm{P}(E, F)\,\mathrm{P}(F)$。

第三条公理中出现的短语“互不相容”与“穷尽无余”需要解释一下。一方面，两个（或多个）事件是互不相容的，如果其中仅有一个能够发生。同样，两个（或多个）命题是互不相容的，如果其中仅有一个能够为真。另一方面，两个（或多个）事件是穷尽无余的，如果其中至少一个必须发生。两个（或多个）命题是穷尽无余的，如果其中至少一个必须为真。互不相容且穷尽无余的两个事件的例子是“英格兰队在 1966 年获得世界杯”与“英格兰队在 1966 年没有获得世界杯”。互不相容且穷尽无余的两个命题（并不表示事件）的例子是“一加一等于二”与“一加一不等于二”。

公理 3 是**加法法则**。《概率的哲学理论》(Gillies 2000：59—

60）表明它也可以陈述如下：

$\mathrm{P}(E\text{ 或者 }F)=\mathrm{P}(E)+\mathrm{P}(F)$，这里的 E 与 F 是任意两个互不相容的事件（或命题）。

加法法则也有一个更一般的形式，甚至适用于 E 与 F 并非互不相容的时候：

$\mathrm{P}(E\text{ 或者 }F)=\mathrm{P}(E)+\mathrm{P}(F)-\mathrm{P}(E\&F)$，这里的 E 与 F 是任意两个事件（或命题）。

公理 4 是**乘法法则**。当 E 与 F 互相独立的时候，它有如下具体形式：

$\mathrm{P}(E\&F)=\mathrm{P}(E)\mathrm{P}(F)$，这里的 E 与 F 是任意两个相互独立的事件（或命题）。

163 如果无论 E 是否发生都不影响 F 发生与否，那么，E 与 F 就是两个相互独立的事件，反之亦然。如果其中一个的真不影响另一个的真，E 与 F 就是两个相互独立的命题，反之亦然。独立事件的例子是“你明天上午穿红色裤子”与“我今天中午餐吃了意大利面”。（抛掷硬币所得的结果也典型地被当作是独立事件。）相互独立的命题的例子是“二乘二等于四”与“巴黎是法国的首都”。

附录 B：贝叶斯定理

贝叶斯定理是从概率公理推出的一个结论。它用来解释我们 164
的信念应该如何随着时间而改变，也被用来解释这样一个相关的问题：在科学中，理论何以能够得到确证。

设想我们正在讨论某个假说 h 以及某个证据 e。在日常生活中，h 可能是“明天香港将会下雨”，而 e 可能是“香港今天下雨了”。在科学中，h 可能是相对论，而 e 可能是“在飞行器上环游世界的原子钟变得跟与此同时留在地球上的钟不同步”。

适合于任意这样的 h 与 e 的贝叶斯定理可以写成下面这样：

$$P(h|e)=\frac{P(h)P(e|h)}{P(e)}$$

$P(h|e)$ 是 h 的后验概率。它是在 e 存在（即假定 e 为真）的情况下 h 的概率。

$P(h)$ 是 h 的先验概率。它是在 e 缺席（例如在 e 被发现或者被考虑之前）的情况下 h 的概率。

$P(e|h)$ 是基于 h 的 e 的**可能性**。它是在假设 h 为真的情况下 e 的概率。它所测量的是在什么程度上 h 预测 e。

165 最后，$P(e)$ 是 e 的**边际可能性**。它是在不假设 h（即独立于 h 是否为真）的情况下 e 的概率。

为了表明贝叶斯定理是如何运行的，让我们来考察一个简单的场景。

你正在参加一项智力竞赛节目。给你看的是两个袋子 A 和 B

里面的东西。A 里面是三只黑色的兔子。B 里面是两只黑色的兔子和一只白色的兔子。之后两个袋子都被封口了，因此你也看不到袋子里面是什么。

接下来，把两个袋子弄混，然后随机选择其中一个袋子。节目主持人从被选出的袋子中随机取出两只兔子，并且把每一只都放开，让其在演播室自由跑动。这两只兔子都是黑色的。接下来的这个问题等着你："这个袋子里面的最后一只兔子是黑色的吗？是还是不是呢？"如果你回答正确，你将赢得一百万美元。此时，你该怎么做呢？

你知道，正确的回答依赖于主持人随机选择的是哪个袋子。如果是袋子 A，那么回答会是"是"。如果是袋子 B，回答就是"不是"。但是，他挑选的是哪一个呢？当 h 是"这个袋子是 A"，而 e 是"取出两只黑兔子"时，如果你知道 $P(h|e)$ 的值，会是有用的。但是，很难搞清楚这个值是什么。

引入贝叶斯定理，它给出了一种规整的方法，可以计算 $P(h|e)$ 的值。下面就让我们来完成这个计算：

(1) 最初在 A 与 B 之间的抽取是随机的。所以，主持人取出 A 与取出 B 的可能性是相同的。因此，$P(h)=\frac{1}{2}$。

(2) $P(e|h)$ [①] 是在**假定**最初选出的袋子是 A **的情况下**，随机取出两只黑兔子的概率。既然袋子 A 中只有黑兔子，我们就不得不得出结论说，从这个袋子中取出来的总是黑兔子。所以，$P(e|h)=1$。

① 原文此处为 P(h|e)，有误，应为 P(e|h)，在中译本中更正。——译者

到目前为止，一切顺利；我们只需要把另外一个值，即 $P(e)$，代入贝叶斯定理的右侧，就可以计算出 $P(h|e)$ 的值。但 $P(e)$ 是什么呢？

如果能注意到从概率公理推出的如下结论，对我们来说将会是很有帮助的：

$$P(e) = P(e)\ P(e|h) + P(\neg h)P(e|\neg h)$$

由此，我们可以把贝叶斯定理重写如下： 166

$$P = \frac{P(h)P(e|h)}{P(h)P(e|h) + P(\neg h)P(e|\neg h)}$$

现在我们就能很容易地继续进行前面的计算了：

(3) $P(h)\ P(e|h)$ 可以从步骤（1）与（2）的结果中计算出来：

$$P(h)\ P(e|h) = \frac{1}{2} \times 1 = \frac{1}{2}。$$

(4) 如果 A 不是最初被选出来的袋子，那么当时选出来的必定是 B。因此，$\neg h$ 实际上相当于假设最初被选出来的袋子是 B。而正如在（1）中所注意到的，最初在 A 与 B 之间的抽取是随机的。因此，$P(\neg h) = \frac{1}{2}$。

(5) $P(e|\neg h)$ 是在**假定**最初选出的袋子是 B **的情况下**，随机取出两只黑兔子的概率。它等于第一次抽取得到黑兔子的概率（当三分之二的兔子是黑色的时候），乘以下一次抽取得到黑兔子的概率（当二分之一的兔子是黑色的时候）。因此：

$$P(e|\neg h)=\frac{2}{3}\times\frac{1}{2}=\frac{1}{3}$$

现在我们有了所需要的一切。

$$P(h|e)=\frac{\frac{1}{2}}{\frac{1}{2}+\frac{1}{2}\times\frac{1}{3}}=\frac{\frac{1}{2}}{\frac{1}{2}+\frac{1}{6}}=\frac{3}{4}$$

如果你期待的是一只黑色的兔子，而不是一只白色的兔子，那么你就对了。距离赢得一百万美元你就更近了一步……

参考文献

Achinstein, P. 1995. 'Are Empirical Evidence Claims A Priori?', *British Journal for the Philosophy of Science* 46, 447—473.

Albert, D. Z. 1994. *Quantum Mechanics and Experience*. Harvard: Harvard University Press.

Bach, R., D. Pope, S.-H. Liou, and H. Batelaan. 2013. 'Controlled Double-Slit Electron Diffraction', *New Journal of Physics* 15, 033018. (doi: 10.1088/1367—2630/15/3/033018)

Bertrand, J. 1888. *Calcul des Probabilités*. Paris: Gauthier-Villars.

Bridgman, P. 1927. *The Logic of Modern Physics*. New York: MacMillan.

Carnap, R. 1950. *Logical Foundations of Probability*. Chicago: University of Chicago Press.

Childers, T. 2013. *Philosophy and Probability*. Oxford: Oxford

University Press.

Cushing，J. 1994. *Quantum Mechanics：Historical Contingency and the Copenhagen Hegemony.* Chicago：University of Chicago Press.

Daston，L. 1988. *Classical Probability in the Enlightenment.* Princeton：Princeton University Press.

David，F. N. 1962. *Games，Gods and Gambling：The Origins and History of Probability and Statistical Ideas from the Earliest Times to the Newtonian Era.* New York：Hafner Press.

De Finetti，B. 1937. 'Foresight：Its Logical Laws，Its Subjective Sources'，in H. E. Kyburg and H. E. Smokler (eds)，*Studies in Subjective Probability*. New York：Wiley，pp.93—158.

De Finetti，B. 1990. *Theory of Probability*，*Vol. I.* New York：Wiley.

Eagle，A. (ed.) 2011. *Philosophy of Probability：Contemporary Reading*. London：Routledge.

Eagle，A. 2004. 'Twenty-One Arguments against Propensity Analyses of Probability'，*Erkenntnis* 60，371—416.

Eriksson，L. and A. Hájek. 2007. 'What are Degrees of Belief?'，*Studia Logica* 86，183—213.

Fetzer，J. H. 1981. *Scientific Knowledge：Causation，Explanation，and Corroboration.* Dordrecht：D. Reidel.

Fetzer，J. H. 1982. 'Probabilistic Explanations'，*PSA：Proceedings of the Biennial Meeting of the Philosophy of Science Association* 1982，194—207.

Fetzer，J. H. 1988. 'Probabilistic Metaphysics'，in J. H. Fetzer (ed.), *Probability and Causality*. Dordrecht: D. Reidel, pp.109—132.

Fiedler, K. 1988. 'The Dependence of the Conjunction Fallacy on Subtle Linguistic Factors', *Psychological Research* 50, 123—129.

Gillies, D. 1991. 'Intersubjective Probability and Confirmation Theory', *British Journal for the Philosophy of Science* 42, 513—533.

Gillies, D. 2000. *Philosophical Theories of Probability*. London: Routledge.

Griffiths, A. J. F., J. H. Miller, D. T. Suzuki, R. C. Lewontin, and W. M. Gelbart. 2000. *An Introduction to Genetic Analysis*. New York: W. H. Freeman.

Hacking, I. 1975. *The Emergence of Probability: A Philosophical Study of Early Ideas about Probability, Induction and Statistical Inference*. Cambridge: Cambridge University Press.

Hacking, I. 1987. 'The Inverse Gambler's Fallacy: The Argument from Design. The Anthropic Principle Applied to Wheeler Universes', *Mind* 96, 331—340.

Hacking, I. 2001. *An Introduction to Probability and Inductive Logic*. Cambridge: Cambridge University Press.

Hájek, A. 1997. '"Mises Redux" —Redux: Fifteen Arguments Against Finite Frequentism', *Erkenntnis* 45. 209—227.

Hájek, A. 2009. 'Fifteen Arguments Against Hypothetical Frequentism', *Erkenntnis* 70, 211—235.

Handfield, T. 2012. *A Philosophical Guide to Chance: Physical Probability*. Cambridge: Cambridge University Press.

Harsanyi, J. C. 1982. 'Subjective Probability and the Theory of Games: Comments on Kadane and Larkey's Paper', *Management Science* 28, 120—124.

Howson, C. and P. Urbach. 2005. *Scientific Reasoning: The Bayesian Approach*. La Salle: Open Court.

Humphreys, P. 1985. 'Why Propensities Cannot Be Probabilities', *The Philosophical Review* 94, 557—570.

Humphreys. P. 1989. *The Chances of Explanation: Causal Explanation in the Social, Medical and Physical Sciences*. Princeton University Press.

Jaynes, E. T. 1957. 'Information Theory and Statistical Mechanics', *Physical Review* 106, 620—630.

Jaynes, E. T. 2003. *Probability Theory: The Logic of Science*. Cambridge: Cambridge University Press.

Jeffrey, R. 2004. *Subjective Probability: The Real Thing*. Cambridge: Cambridge University Press.

Kadane, J. B. and P. D. Larkey. 1982. 'Subjective Probability and the Theory of Games', *Management Science* 28, 113—120.

Kalinowski, P., F. Fidler, and G. Cumming. 2008. 'Overcoming the Inverse Probability Fallacy: A Comparison of Two Teaching Interventions', *Methodology* 4, 152—158.

Keynes, J. M. 1921. *A Treatise on Probability*. London: Macmillan.

Koehler, J. 1996. 'The Base Rate Fallacy Reconsidered: Descriptive, Normative, and Methodological Challenges', *Behavioral and Brain Sciences* 19, 1—53.

Kyburg, H. E. 1970. *Probability and Inductive Logic.* London: Macmillan.

Laplace, P.-S. 1814 (English edition 1951). *A Philosophical Essay on Probabilities.* New York: Dover Publications Inc.

Mikkelson, J. 2004. 'Dissolving the Wine/Water Paradox', *British Journal for the Philosophy of Science* 55, 137—145.

Miller, D. W. 1994. *Critical Rationalism: A Restatement and Defence.* La Salle: Open Court.

Millstein, R. L. 2003. 'Interpretations of Probability in Evolutionary Theory', Philosophy of Science 70, 1317—1328.

Popper, K. R. 1957. 'The Propensity Interpretation of the Calculus of Probability, and the Quantum Theory', in S.Körner (ed.), *Observation and Interpretation: A Symposiun of philosophers and Physicists.* London: Butterworths, pp.65—70 and 88—89.

Popper, K. R. 1959a. 'The Propensity Interpretation of Probability', *British Journal for the Philosophy of Science* 10, 25—42.

Popper, K. R. 1959b. *The Logic of Scientific Discovery.* New York: Basic Books.

Popper, K. R. 1967. 'Quantum Mechanics without "The Observer" ', in M. Bunge (ed.), *Quantum Theory and Reality.* New York: Springer, pp.7—44.

Popper, K. R. 1983. *Realism and the Aim of Science.* London:

Routledge.

Popper, K. R. 1990. *A World of Propensities.* Bristol: Thoemmes.

Ramsey, F. P. 1926. 'Truth and Probability', in F. P. Ramsey, *The Foundations of Mathematics and other Logical Essays*, ed. R. B. Braithwaite. London: Kegan Paul, Trench, Trübner & Co., 1931, pp.156—198.

Reinhart, A. 2015. *Statistics Done Wrong: The Woefully Complete Guide.* San Francisco, CA: No Starch Press.

Rowbottom, D. P. 2008. 'On the Proximity of the Logical and "Objective Bayesian" Interpretations of Probability', *Erkenntnis* 69, 335—349.

Rowbottom, D. P. 2013a. 'Empirical Evidence Claims Are A Priori', *Synthese* 19, 2821—2834.

Rowbottom, D. P. 2013b. 'Group Level Interpretations of Probability: New Directions', *Pacific Philosophical Quarterly* 94, 188—203.

Selvin, S. 1975. 'On the Monty Hall Problem', *American Statistician* 29, 134.

Suárez, M. 2013. 'Propensities and Pragmatism', *Journal of Philosophy* CX, 61—92.

Tadelis, S. 2013. *Game Theory: An Introduction.* Princeton: Princeton University Press.

Tversky, A. and D. Kahneman. 1982. 'Judgments of and by Representativeness', in D. Kahneman, P. Slovic, and A. Tversky (eds), *Judgment Under Uncertainty: Heuristics and Biases.*

Cambridge：Cambridge University Press，pp.84—98.

Tversky，A. and D. Kahneman. 1983. ‘Extensional Versus Intuitive Reasoning：The Conjunction Fallacy in Probability Judgment’，*Psychological Review* 90，293—315.

Von Mises，R. 1928/1968. *Probability，Statistics and Truth.* 2nd ed. London：Allen and Unwin.

Vos Savant，M. 2014. ‘Game Show Problem’，http：//marilynvossavant.com/game-show-problem/.

Williamson，J. 2010. *In Defence of Objective Bayesianism.* Oxford：Oxford University Press.

索　引

（索引中的页码为中译本边码）

请注意：出现在序言、推荐读物以及参考文献中的名称实例没有被列入索引。

译后记

本书由雒自新（西安交通大学副教授）负责完成初稿，刘叶涛（南开大学教授）负责全书审校。任晓明（南开大学教授、中国逻辑学会副会长）为本书作序。本书得到陈波（北京大学教授、国际哲学学院院士）的大力推荐，其翻译出版工作得到上海人民出版社的大力支持，于力平老师对本书进行了专业细致的编辑。译校过程中，原作者还邀请相关学者协助阅读了译稿，提出了一些有价值的改进意见。南开大学逻辑学专业硕士生薛青青帮助收集整理了若干资料。谨此一并致谢！

图书在版编目(CIP)数据

概率:人生的指南/(英)达瑞·P.罗博顿
(Darrell P.Rowbottom)著;雒自新译.—上海:上
海人民出版社,2020
书名原文:Probability
ISBN 978-7-208-16407-9

Ⅰ.①概… Ⅱ.①达… ②雒… Ⅲ.①概率逻辑
Ⅳ.①O211

中国版本图书馆 CIP 数据核字(2020)第 055915 号

责任编辑 于力平
封扉设计 人马艺术设计·储平

概率:人生的指南
[英]达瑞·P.罗博顿 著
雒自新 译 刘叶涛 校

出　　版 上海人民出版社
(201101 上海市闵行区号景路 159 弄 C 座)
发　　行 上海人民出版社发行中心
印　　刷 上海商务联西印刷有限公司
开　　本 635×965 1/16
印　　张 15.25
插　　页 4
字　　数 164,000
版　　次 2020 年 8 月第 1 版
印　　次 2025 年 1 月第 3 次印刷
ISBN 978-7-208-16407-9/B·1472
定　　价 75.00 元

Probability

First published in 2015 by Polity Press
Chinese（Simplified Characters only）Trade Paperback

大师经典

《社会学的基本概念》 [德] 马克斯·韦伯 著 胡景北 译
《历史的用途与滥用》 [德] 弗里德里希·尼采 著
陈 涛 周辉荣 译 刘北成 校
《奢侈与资本主义》 [德] 维尔纳·桑巴特 著
王燕平 侯小河 译 刘北成 校
《社会改造原理》 [英] 伯特兰·罗素 著 张师竹 译
《伦理体系：费希特自然法批判》
[德] 黑格尔 著 翁少龙 译
《理性与生存——五个讲座》
[德] 卡尔·雅斯贝尔斯 著 杨 栋 译
《战争与资本主义》 [德] 维尔纳·桑巴特 著 晏小宝 译
《道德形而上学原理》 [德] 康 德 著 苗力田 译
《论科学与艺术》 [法] 让-雅克·卢梭 著 何兆武 译
《对话录》 [英] 大卫·休谟 著 张连富 译
《空间与政治》 [法] 亨利·列斐伏尔 著 李 春 译

人生哲思

《论人的奴役与自由》 [俄] 别尔嘉耶夫 著 张百春 译
《论精神》 [法] 爱尔维修 著 杨伯恺 译
《论文化与价值》 [英] 维特根斯坦 著 楼 巍 译
《论自由意志——奥古斯丁对话录二篇》(修订译本)
[古罗马] 奥古斯丁 著 成官泯 译
《论婚姻与道德》 [英] 伯特兰·罗素 著 汪文娟 译
《赢得幸福》 [英] 伯特兰·罗素 著 张 琳 译
《论宽容》 [英] 洛克 著 张祖辽 译
《做自己的哲学家：斯多葛人生智慧的 12 堂课》
[美] 沃德·法恩斯沃思 著 朱嘉玉 译

社会观察

《新异化的诞生：社会加速批判理论大纲》
[德] 哈特穆特·罗萨 著 郑作彧 译

《不受掌控》 [德] 哈特穆特·罗萨 著
郑作彧 马 欣 译
《部落时代：个体主义在后现代社会的衰落》
[法] 米歇尔·马费索利 著 许轶冰 译
《鲍德里亚访谈录：1968—2008》
[法] 让·鲍德里亚 著 成家桢 译
《替罪羊》 [法] 勒内·基拉尔 著 冯寿农 译
《吃的哲学》 [荷兰] 安玛丽·摩尔 著 冯小旦 译
《经济人类学——法兰西学院课程（1992—1993）》
[法] 皮埃尔·布迪厄 著 张 璐 译
《局外人——越轨的社会学研究》
[美] 霍华德·贝克尔 著 张默雪 译
《如何思考全球数字资本主义？——当代社会批判理论下的哲学反思》
蓝 江 著
《晚期现代社会的危机——社会理论能做什么？》
[德] 安德雷亚斯·莱克维茨
[德] 哈特穆特·罗萨 著 郑作彧 译
《解剖孤独》 [日] 慈子·小泽-德席尔瓦 著
季若冰 程 瑜 译
《美国》（修订译本） [法] 让·鲍德里亚 著 张 生 译
《面对盖娅——新气候制度八讲》
[法] 布鲁诺·拉图尔 著 李婉楠 译
《狄奥尼索斯的阴影——狂欢社会学的贡献》
[法] 米歇尔·马费索利 著 许轶冰 译

思辨万象

《概率：人生的指南》 [英] 达瑞·P. 罗博顿 著 雒自新 译
刘叶涛 校
《哲学与现实政治》 [英] 雷蒙德·戈伊斯 著 杨 昊 译
《作为人间之学的伦理学》 [日] 和辻哲郎 著 汤恺杰 译
《扎根——人类责任宣言绪论》（修订译本）
[法] 西蒙娜·薇依 著 徐卫翔 译
《电子游戏与哲学》 [美] 乔恩·科格本
[美] 马克·西尔考克斯 著 施 璇 译
《透彻思考：哲学问题与成就导论》（第二版）
[美] 克拉克·格利穆尔 著
张 坤 张寄冀 译